"十三五"国家重点出版物出版规划项目
"双一流"建设精品出版工程
黑龙江省精品图书出版工程
ELSEVIER 精选翻译图书

U0158670

烧结：
致密化、晶粒长大与显微组织
Sintering：
Densification, Grain Growth and Microstructure

［韩］Suk-Joong L.Kang　著

王玉金　刘占国　译

哈尔滨工业大学出版社
HARBIN INSTITUTE OF TECHNOLOGY PRESS

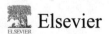
Elsevier

内 容 简 介

本书是作者根据多年教学积累和研究成果编写而成,介绍了多年来先进陶瓷材料烧结理论与技术的研究成果和最新进展。本书共分六部分,内容包含烧结科学基础,陶瓷材料固相烧结模型与致密化、晶粒长大、显微组织演变、离子化合物烧结和液相烧结。

本书结构清晰,理论性强,适合作为高等院校材料科学与工程学科特别是陶瓷材料方向的高年级本科生和研究生教材,同时也可作为陶瓷材料方向研发人员的参考书。

图书在版编目(CIP)数据

烧结:致密化、晶粒长大与显微组织/(韩)姜锡重
(Suk-Joong L. Kang)著;王玉金,刘占国译. —哈尔滨:
哈尔滨工业大学出版社,2022.12
    ISBN 978 - 7 - 5603 - 8618 - 8

    Ⅰ.①烧…   Ⅱ.①姜…②王…③刘…   Ⅲ.①烧结－基本知识
Ⅳ.①TF046

中国版本图书馆 CIP 数据核字(2019)第 302124 号

策划编辑   许雅莹
责任编辑   李青晏   庞亭亭
封面设计   高永利
出版发行   哈尔滨工业大学出版社
社   址   哈尔滨市南岗区复华四道街 10 号   邮编 150006
传   真   0451 - 86414749
网   址   http://hitpress.hit.edu.cn
印   刷   黑龙江艺德印刷有限公司
开   本   720 mm×1 020 mm   1/16   印张 15   字数 285 千字
版   次   2022 年 12 月第 1 版   2022 年 12 月第 1 次印刷
书   号   ISBN 978 - 7 - 5603 - 8618 - 8
定   价   88.00 元

黑版贸审字 08－2019－057 号

Elsevier LTD.

Sintering：Densification，Grain Growth and Microstructure，1nd Edition
Suk-Joong L. Kang
Copyright © 2005 Elsevier LTD. All rights reserved.
ISBN：978－0－7506－6385－4

中 文 版 序

我很高兴和荣幸地看到《烧结:致密化、晶粒长大与显微组织》一书的中文版出版。首先,我要感谢和祝贺我的中国同事,特别是王玉金教授,感谢他们将这本书用中文出版。据我所知,他们几年来为这本书的翻译和整理付出了很大的努力。

我第一次访问中国是 1990 年在北京参加一个材料会议(C—MRS International '90)。从那以后,我有很多机会去中国参加关于烧结的会议和演讲,也访问了中国的一些大学和研究机构,见证了中国烧结界的巨大发展和学生们对烧结科学技术的热情,也积累了美好的回忆、经验和友谊。

正如我在英文版前言中提到的那样,《烧结:致密化、晶粒长大与显微组织》一书由六部分组成,从致密化、晶粒长大和微观组织演变的角度阐述了烧结科学基础、固相烧结(SSS)和液相烧结(LPS)。虽然 SSS 和 LPS 这两个过程是分开介绍的,但比较它们并了解它们的异同对获得烧结的总体情况是有用的。我希望本书能帮助读者了解烧结的基本原理,并利用它们解决自己的问题。

最后,我很高兴通过这本书与中国研究烧结的同仁和学生们有更近的接触。我祝愿他们一切都好!

Suk-Joong L. Kang

大田市

2022 年 11 月

译 者 前 言

Sintering：densification，grain growth and microstructure 是韩国科学技术翰林院院士、韩国国家工程院院士和世界陶瓷科学院院士姜锡重教授(Suk-Joong L. Kang)撰写的一部教材，原为韩国科学技术院研究生烧结课程讲稿。全书共分六部分：第一部分简要叙述烧结科学基础；第二部分论述了陶瓷材料固相烧结模型与致密化；第三部分论述了陶瓷材料固相烧结过程中的晶粒长大；第四部分论述了陶瓷材料固相烧结过程中的显微组织演变；第五部分论述了离子化合物的烧结；第六部分论述了陶瓷材料的液相烧结。该书介绍了先进陶瓷材料烧结理论与技术多年来的研究成果和最新进展，也凝注了作者的研究成果，揭示了陶瓷材料烧结过程中致密化和晶粒长大的一些关键问题。该书出版于 2005 年，距今已近二十年，但该书中的烧结理论至今仍然适用，可作为材料科学与工程学科特别是陶瓷材料方向的高年级本科生和研究生教材，同时也可作为陶瓷材料方向研发人员的参考书。

译者于 2013 年 6 月初在美国加利福尼亚州圣地亚哥参加第 10 届环太平洋陶瓷和玻璃技术国际会议时与姜锡重教授相识，其渊博的学识和儒雅的风范为译者所钦佩，此后一直与姜锡重教授保持着交流与联系，并有幸于 2020 年邀请姜锡重教授来哈尔滨工业大学做讲席教授(短期)。姜锡重教授多次给哈尔滨工业大学的师生做烧结方面的讲座，并将该书推荐给我们。感谢姜锡重教授的信任，将本书的中文出版推荐给了我们，在翻译过程中也得到了他的大力支持与诸多帮助，并修正了原书中的勘误。本书的翻译由哈尔滨工业大学特种陶瓷研究所从事相关领域研究的学者共同完成，并得到了周玉院士和欧阳家虎教授的指导。全书分为六部分共 16 章，王玉金教授翻译前三部分(1～9 章)，刘占国副教授翻译后三部分(10～16 章)。王玉金教授和刘占国副教授对全书进行了审校。本书在翻译过程中还得到了哈尔滨工业大学特种陶瓷研究所的牛文行、张文、张培云、姚瑞君、赵晏和徐晨光等研究生的帮助，在此表示衷心的感谢。

由于译者水平和经验有限，译文中不足之处在所难免，衷心希望广大读者提出宝贵的意见和建议。

译 者
2022 年 11 月
于哈尔滨

前　　言

烧结是一种利用热能来固结粉末压块的技术,是人类最古老的技术之一,起源于史前时代的陶器烧制。如今,烧结已广泛用于制造块体陶瓷零件和粉末冶金零件。

为了理解烧结并解决相关问题,需要对材料科学的基本原理有基本而全面的理解。作者在 KAIST(韩国科学技术院)讲授烧结课程中发现很少有书籍将烧结与材料科学的基本原理相关联。在许多情况下,烧结被认为是一种材料加工技术,仅在陶瓷加工或粉末冶金书籍中对其进行简要介绍。除此之外,专门研究烧结的书籍对实验数据进行大量介绍,而对一般原理的解释很少。这些书可供研究人员和工程师参考,但不适合作为学生的教材。

作者根据讲授超过了 12 年的"烧结"课程讲义,于 1997 年撰写了本书(韩文版),内容涉及烧结现象的基本原理,包括致密化、晶粒长大和显微组织等。此次出版的英文版,介绍了烧结特别是关于晶粒长大的最新研究成果,以及最新的文献。本书主要作为研究生的教材和研究人员的参考书,也可作为高年级本科生陶瓷加工或粉末冶金课程的参考书。

本书旨在为读者提供致密化和晶粒长大的基本原理,并最终提供烧结过程中显微组织演变的基本原理。本书由六部分组成,并以同等重要程度描述了致密化和晶粒长大,这与大多数其他将晶粒长大视为次要主题的图书不同。本书先介绍致密化和晶粒长大的基本原理,然后将两者进行综合,还阐述了相关显微组织演变。在固相烧结(第二、三、四部分)和液相烧结(第六部分)中都采用了该方案。本书的第一部分介绍烧结科学基础,包括界面热力学和多晶显微组织,为读者提供了有关烧结研究的基础知识。第五部分重点介绍离子化合物的烧结。在每个部分的最后,不仅包括理论问题,而且包括实际应用问题,以帮助读者理解实际系统中发生的烧结现象。问题的本质与原理的应用有关,因此大多数问题是解释性的而不是计算性的。

此书的撰写要感谢许多人。没有他们的支持、帮助和鼓励,本书就不可能出版。首先感谢 Duk Yong Yoon 教授,作为我的老师和同事,他向我介绍了烧结科学,并一起研究烧结和显微组织问题;还要感谢 Richard J. Brook 教授,他启发和鼓励我学习烧结科学。本书的一部分是我在悉尼新南威尔士大学休假时撰写的,非常感谢澳大利亚研究委员会和 Janusz Nowotny 教授的支持。对我而言,用英语写作是一项艰巨的工作。非常感谢 Max Hatherly 荣誉退休教授和 John G. Fisher 博士阅读了全书并进行了改进。感谢 Jürgen Rödel 教授对"约束烧结"部分的贡献,感谢我的同事 Doh-Yeon Kim 教授、Han-Ill Yoo 教授、Nong-Moon Hwang 教授和 Ho-Yong Lee 教授的建议。书中的大多数图片是由我的已毕业学生 Young-Woo Rhee 博士和 Yang-Il Jung 先生制作并重绘的,谨向他们表示衷心的感谢。感谢 Eun-Ju Kim 女士对文字的录入。最后感谢过去 20 年来曾经与我一起学习烧结的学生们。

Suk-Joong L. Kang
大田市
2004 年 4 月

2

目　　录

第一部分　烧结科学基础

第二部分　固相烧结模型与致密化

第三部分 晶粒长大

第四部分　显微组织演变

第五部分　离子化合物的烧结

第六部分　液相烧结

第一部分　烧结科学基础

当热能作用于粉末坯体时,将发生坯体的致密化和平均晶粒尺寸增加的现象,将这一基本现象称为烧结。为了理解烧结并将其应用于材料加工,首先需要了解这两种基本现象的热力学和动力学原理。第一部分简要介绍了烧结过程及相关热力学原理,并对烧结后获得的多晶显微组织进行了表征。决定烧结过程中显微组织演变的动力学是本书的主要内容,将在第二至第六部分中详细阐述。

第 1 章　烧结工艺

1.1　烧结的定义

烧结是一种加工技术,即通过给金属或(和)陶瓷粉末施加热能生产出密度受控的材料和零件。因此,在材料科学与工程的四个基本要素中,烧结被归类为合成/加工要素,如图 1.1 所示。近年来,由于材料的合成和加工对材料开发已变得至关重要,因此烧结作为材料加工技术,其重要性正在增加。

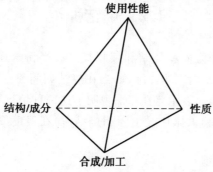

图 1.1　材料科学与工程的四个基本要素

　　事实上,烧结是人类最古老的技术之一,起源于史前时代的陶器烧制。烧结也使得用海绵铁生产工具成为可能。直到 20 世纪 40 年代以后,人们才从根本上和科学上研究烧结。从那时起,烧结科学取得了令人瞩目的发展。在现代,烧结最重要的和有益的用途之一是制备各种烧结零件,包括粉末冶金零件和块状陶瓷零件。

　　图 1.2 所示为烧结零件的一般制备流程。与加工技术不同,此类零件的生产需要考虑各种加工工序和参数。例如,在成型工序中,根据最终产品所需的形状和性能,可以使用简单模压、冷等静压、注浆成型和注射成型等。基于所使用的成型技术,不管烧结条件还是烧结特性都可能发生显著变化。在烧结工序中,也有各种各样的技术和加工参数,导致烧结后的显微组织和性能发生变化。

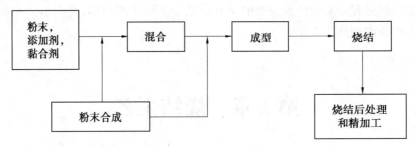

图 1.2　烧结零件的一般制备流程

　　烧结的目的是通过控制烧结参数来生产具有可重复性的烧结零件,如果可能,还可以进行显微组织设计和调控。显微组织调控是指控制晶粒尺寸、烧结密度以及相(包括气孔)的尺寸和分布。在大多数情况下,显微组织调控的最终目标是制备具有细晶组织的完全致密体。

1.2　烧结种类

　　烧结过程可以分为固相烧结和液相烧结。当粉末压坯在烧结温度下以固相完全致密化时,发生固相烧结;而当在烧结期间粉末压坯中存在液相时,发生液相烧结。图 1.3 以示意性相图说明了这两种情况[①]。在温度 T_1 下,具有成分 X_1 的 A－B 粉末压坯发生固相烧结;而在温度 T_3 下,在同一粉末压

　　① 这里,使用示意性相图来解释各种类型的烧结,尽管在大多数情况下,适当的烧结类型取决于材料系统和(或)烧结目的。

坯中发生液相烧结。

　　除固相烧结和液相烧结外，还可以使用其他类型的烧结，如瞬时液相烧结和黏性流动烧结。当液相的体积分数足够高时，就会发生黏性流动烧结，通过晶粒－液相混合物的黏性流动来实现压坯的完全致密化，而在致密化过程中不会发生任何晶粒形状的变化。瞬时液相烧结是液相烧结和固相烧结的结合。在这种烧结技术中，烧结的初期，在压坯中形成液相，但是随着烧结的进行液相消失，并在固相下完成致密化。在图 1.3 的示意性相图中还可以找到瞬时液相烧结的例子，即在共晶温度以上但低于固相线，例如在温度 T_2 下烧结成分为 X_1 的 A－B 粉末。此时，由于烧结温度高于 A－B 的共晶温度，因此在压坯加热的过程中，A 粉末和 B 粉末之间的反应会形成液相。然而，在烧结过程中，液相消失并且仅固相保留，因为在给定的烧结条件下平衡相为固相。

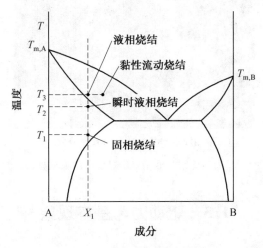

图 1.3　各种烧结类型的示意图

　　与固相烧结相比，液相烧结容易控制显微组织并降低加工成本，但是降低了一些重要的性能，如机械性能。而许多特定产品要利用晶界相的性质，因此需要在液相存在下烧结。氧化锌压敏电阻和 $SrTiO_3$ 基晶界层电容器就是两个例子。在这些情况下，液相的组成和含量对于控制烧结的显微组织和性能至关重要。

　　图 1.4 所示为没有液相和有液相的部分烧结粉末压坯的典型显微组织。在这两种情况下，烧结都已进行到气孔被封闭的后期。在通常的烧结温度下，一般可以很快达到闭气孔阶段。消除闭气孔更耗时，并且几乎消耗了所有的烧结时间。

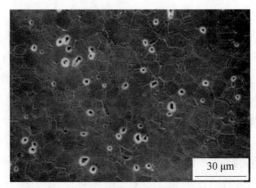

(a) 固相烧结(Al$_2$O$_3$)

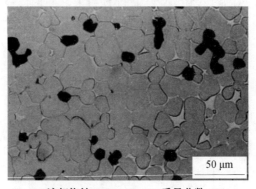

(b) 液相烧结(98W-1Ni-1Fe 质量分数, %)

图 1.4　固相烧结和液相烧结过程中的典型显微组织

1.3　驱动力与基本现象

烧结的驱动力是总界面能的降低。粉末压坯的总界面能用 γA 表示,其中 γ 是压坯的比表面(界面)能,A 是压坯的总表面(界面)积。总能量的降低可以表示为

$$\Delta(\gamma A) = \Delta\gamma A + \gamma\Delta A \tag{1.1}$$

在此,界面能的变化($\Delta\gamma$)归因于致密化,而界面面积的变化归因于晶粒粗化。对于固相烧结,$\Delta\gamma$ 与固/固界面代替固/气界面(表面)有关。如图 1.5 所示,总界面能的降低是通过致密化和晶粒长大(烧结的基本现象)实现的。

通常,用于烧结的粉末尺寸为 0.1～100 μm;粉末的总表面能为 500～0.5 J/mol。与氧化反应生成氧化物过程中释放的能量(通常为300～1 500 kJ/mol)相比,该能量非常小。如果要利用这样小的能量来获得所需的烧结体的显微

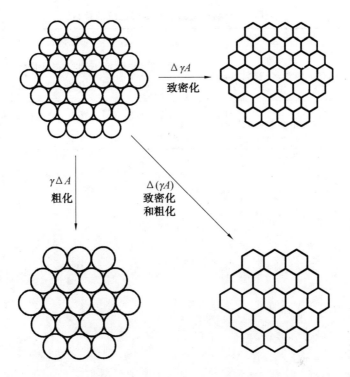

图 1.5　在烧结驱动力 $\Delta(\gamma A)$ 作用下发生的烧结基本现象

组织,那么就需要了解和控制烧结过程中涉及的参数。

1.4　烧结参数

　　决定粉末压坯可烧结性和烧结显微组织的主要参数可以分为两类:材料参数和工艺参数(表 1.1)。与原材料有关的参数(材料参数)包括粉末压坯的化学成分、粉末尺寸、粉末形状、粉末尺寸分布和粉末团聚程度等。这些参数影响粉末的可压缩性和可烧结性(致密化和晶粒长大)。特别是对于包含两种以上粉末的压坯,混合粉末的均匀性至关重要。为了提高混合粉末的均匀性,不仅研究和使用了机械球磨工艺,还研究和使用了化学工艺,如溶胶-凝胶和共沉淀工艺。烧结中涉及的参数主要是热力学参数,如温度、时间、气氛、压力、加热速率和冷却速率。许多烧结研究已经考察了烧结温度和时间对粉末压坯可烧结性的影响。然而,在实际工艺中,烧结气氛和压力的影响更为复杂和重要。控制这些参数的非常规过程也得到了深入的研究和发展(见 5.6 节和 11.6 节)。

表 1.1　影响可烧结性和显微组织的参数

烧结参数	主要参数
与原材料有关的参数(材料参数)	粉末形状、尺寸、尺寸分布、团聚、混匀度等 化学成分、杂质、非化学计量、均匀性等
与烧结条件有关的参数(工艺参数)	温度、时间、压力、气氛、加热速率和冷却速率等

第 2 章　界面热力学

2.1　表面能与吸附

2.1.1　表面能

在本书中,"表面"被定义为凝聚态与气相或真空之间的平面,如固/气界面和液/气界面。从广义上讲,术语"界面"用于任何两个不同相之间的分界面。既然有界面的存在,就意味着在体积能之外还有一部分额外的界面能。由于烧结驱动力是烧结系统的总界面能的降低,因此了解界面能的热力学特性很有必要。

图 2.1(a) 所示为一个有界面的系统的示意图。图中,σ 是界面,α 和 β 是均匀的体相。实际系统中的界面可以抽象为一个面 σ,尽管界面处的化学成分变化有可能包含了多个原子层,如图 2.1(b) 所示。对于图 2.1(a) 中的系统,任何广义热力学性质 Φ 都可以表示为体相性质和界面性质的总和,即

$$\Phi = \Phi^{\alpha} + \Phi^{\beta} + \Phi^{\sigma} \tag{2.1}$$

在式(2.1)中,由于存在由界面曲率和界面面积决定的过渡层,所以引入一个 Φ^{σ} 附加项。

因此,如果忽略曲率的影响,那么表面处内能的无穷小增量,即多出来的表面能,可以表示为

$$dE^{\sigma} = T dS^{\sigma} + \sum_{i=1}^{m} \mu_i dn_i^{\sigma} + \gamma dA \tag{2.2}$$

式中,S 是熵;μ_i 是组分 i 的化学势;n_i 是组分 i 的物质的量。

从式(2.2)可以看出,表面能 γ 是表面内能 E^{σ} 对表面积 A 的偏导数。表面能也可以表示为系统总内能的变化,即

$$dE = dE^{\alpha} + dE^{\beta} + dE^{\sigma}$$

$$= T dS + \sum_{i=1}^{m} \mu_i dn_i - P^{\alpha} dV^{\alpha} - P^{\beta} dV^{\beta} + \gamma dA \tag{2.3}$$

式中,P 是压力;V 是体积。

因此,有

$$\gamma \equiv \left(\frac{\partial E}{\partial A}\right)_{S,n_i,V^\alpha,V^\beta} \tag{2.4}$$

式(2.4)是 γ 的热力学定义式,表明 γ 是生成单位表面积所需的可逆功。

表面的内能 E^σ 表示为

$$E^\sigma = TS^\sigma + \sum_{i=1}^{m} n_i^\sigma \mu_i + \gamma A \tag{2.5}$$

从式(2.5)和式(2.2)可知

$$d\gamma = -\frac{S^\sigma}{A}dT - \sum_{i=1}^{m} \frac{n_i^\sigma}{A}d\mu_i \equiv -\frac{S^\sigma}{A}dT - \sum_{i=1}^{m} \Gamma_i d\mu_i \tag{2.6}$$

式中,Γ_i 是在单位表面积上吸附的 i 物质的过剩物质的量。

式(2.6)称为吉布斯吸附方程。

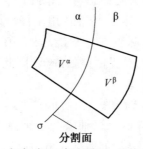

(a) 包含 α 相、β 相和界面 σ 的某系统的示意图

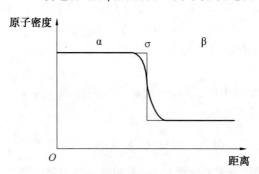

(b) 界面附近原子密度的示意图

图 2.1　包含 α 相、β 相和界面 σ 的某系统的示意图和界面附近原子密度的示意图

2.1.2　表面能与热力学势

热力学势 Ω 定义为

$$\Omega \equiv F - \sum_{i=1}^{m} n_i \mu_i \tag{2.7}$$

式中，F 是亥姆霍兹自由能，表示在恒定温度、体积和化学势下系统中的可逆功。

由于

$$\sum_{i=1}^{m} n_i \mu_i = G \qquad (2.8)$$

对于均匀块体相 α、β，有

$$\Omega^\alpha = -P^\alpha V^\alpha, \quad \Omega^\beta = -P^\beta V^\beta$$

则表面过剩热力学势 Ω^σ 表示为

$$\Omega^\sigma = \Omega - \Omega^\alpha - \Omega^\beta = F + P^\alpha V^\alpha + P^\beta V^\beta - \sum_{i=1}^{m} n_i \mu_i$$

$$= \gamma A = F^\sigma - \sum_{i=1}^{m} n_i^\sigma \mu_i \qquad (2.9)$$

所以

$$\gamma = \frac{F^\sigma}{A} - \sum_{i=1}^{m} \Gamma_i \mu_i \equiv f^\sigma - \sum_{i=1}^{m} \Gamma_i \mu_i \qquad (2.10)$$

式 (2.10) 表明，表面能是在恒定温度、体积和化学势下产生单位表面积所需的功。

2.1.3　相对吸附

i 对组分 1 的相对吸附量 $\Gamma_i^{(1)}$ 定义为

$$\Gamma_i^{(1)} \equiv \Gamma_i - \Gamma_1 \frac{C_i^\alpha - C_i^\beta}{C_1^\alpha - C_1^\beta} \qquad (2.11)$$

式中，C_i^α 和 C_i^β 分别是单位体积 α 相和 β 相中组分 i 的物质的量。

在这个方程中，$\Gamma_i^{(1)}$ 与分界面的位置无关，可以将该表面视为 Γ_1 为零的平面。因此，吉布斯相对吸附量 $\Gamma_i^{(1)}$ 可以看作是 i 在组分 1 吸附为零的表面上的吸附。在这方面，对于单组分系统 $\gamma = f^\sigma$；而对于多组分系统，γ 受除组分 1 之外的所有组分吸附的影响。对于在固/气界面或液/气界面上单层吸附的简单情况，$\Gamma_i^{(1)}$ 简化为

$$\Gamma_i^{(1)} = \frac{n^{(m)}}{A} \left(X_i^{(m)} - X_1^{(m)} \frac{X_i^\alpha}{X_1^\alpha} \right) \qquad (2.12)$$

式中，X 是单层 (m) 中的摩尔分数。

2.2　表面张力与表面能

表面原子间吸引力（表面张力[①]）的存在可以在液膜实验中证实。液膜的表面张力 σ_{xx} 是平行于液膜扩展方向每单位宽度上的力，如图 2.2 所示。当液膜的长度增加 $\mathrm{d}x$ 时，延伸所做的功 W 为

$$W = 2\sigma_{xx}l\,\mathrm{d}x \tag{2.13}$$

式中，l 是膜的宽度。

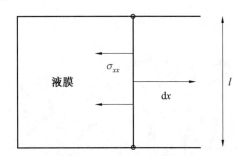

图 2.2　用于计算流体中表面张力与表面能之间相关性的示意图

在此，由于表面原子密度恒定，因此膜表面的原子密度随着膜的延伸无变化。这是因为在液膜的延伸过程中，液态原子迁移率高，从体相到表面的原子供应很容易。由于表面原子密度是恒定的，与液膜面积无关，所以因表面积增加而引起的总表面能的增加 ΔE 表示为

$$\Delta E = \Delta A\gamma = 2\gamma l\,\mathrm{d}x \tag{2.14}$$

因此，对于液体，尽管表面张力（N/m）与表面能（J/m^2）是不同的物理性质，但它们有相同的数值。如果膜沿 y 方向延伸，则施加的表面张力为 σ_{yy}，其值与 σ_{xx} 相同。通常，任何表面的表面张力 σ 均取为 σ_{xx} 和 σ_{yy} 的平均值。

液体产生的表面张力基于以下事实，即表面的原子间距离大于体相内的原子间距离。由此得出结论，在液体表面存在与表面平行的负压，因此表面张力是由表面上的原子排列情况确定的。垂直于表面的应力不存在，所以液体表面处于平面应力状态。

对于液体，表面积的增加是通过将原子从体相快速供应到表面来实现

---

① "表面张力"一词通常被用作"表面能"的同义词。在本书中它指平行于表面的原子之间的力。因此，表面张力被解释为每单位长度的力，并且可以被认为是表面应力。

的,并且随着液体表面积的增加,表面原子排列是不变的而且总是各向同性的。而对于固体而言,表面积的增加既可以通过从体相中供应原子来实现,也可以通过增加表面上的原子的间距离来实现。换句话说,原子在固体表面的排列情况以及表面张力,都会随表面积的变化而变化。

因此,只有当表面上的原子排列情况(在适当的时间内)与外部应力无关时,表面张力才与表面能具有相同的值,并且仅当原子迁移率足够高时,才可以满足该结论。表面张力和表面能之间的关系是由表面的原子排列情况决定的,这可以通过将宏观应变引入物体来理解。

假设,一个单位立方体先切割成两个,再进行可逆变形后的能量状态,与一个单位立方体先可逆变形再切割成两个后的能量状态相同,Mullins 导出了一个将表面张力与表面能联系起来的方程,即

$$\sigma_{ij} = \delta_{ij}\gamma + \frac{\partial \gamma}{\partial \varepsilon_{ij}} \qquad (2.15)$$

式中,$\partial \varepsilon_{ij}$ 是每单位长度的应变量;δ_{ij} 是克罗内克 δ 函数(当 $i=j$ 时,$\delta_{ij}=1$;当 $i \neq j$ 时,$\delta_{ij}=0$)。

在式(2.15)的偏导数中,除 ε_{ij} 以外变量均为零。即使对于固体,在合理的时间范围内如果温度足够高且满足 $d\gamma/d\varepsilon_{ij}=0$,也可以通过零蠕变技术等来测量表面能。由于粉末压坯通常在同系温度($T_H = T/T_m$,T_m 为熔点)的三分之二以上烧结,因此在传统烧结过程中,表面张力可视为与表面能相同。尽管表面能随晶体取向而变化,但对于大多数金属和陶瓷,表面能约为 $1\ \mathrm{J/m^2}$。

2.3　弯曲界面的热力学

2.3.1　毛细现象和原子活度

考虑一个系统,其中 α 和 β 这两相被弯曲界面分开并且处于平衡状态。如果在此系统中总体积 V、温度 T 和化学势 μ_i 不变,则由界面的无穷小运动引起的热力学势的变化为零,即

$$d\Omega = 0 = d\Omega^{\alpha} + d\Omega^{\beta} + d\Omega^{\sigma} = -P^{\alpha}dV^{\alpha} - P^{\beta}dV^{\beta} + \gamma dA \qquad (2.16)$$

由于 $dV = 0$,则

$$P^{\alpha} - P^{\beta} = \gamma \frac{dA}{dV^{\alpha}} = \gamma K \qquad (2.17)$$

式中,K 是界面的平均曲率。

令 r_1 和 r_2 为界面处彼此垂直的曲率半径,则

$$K = \frac{1}{r_1} + \frac{1}{r_2} \tag{2.18}$$

因此,通常有

$$P^\alpha - P^\beta = \left(\frac{1}{r_1} + \frac{1}{r_2} \right) \gamma \tag{2.19}$$

该方程式即为众所周知的拉普拉斯方程(也被称为杨氏－拉普拉斯方程)。
对于球体,方程(2.19)变为

$$P^\alpha - P^\beta = \frac{2}{r} \gamma \tag{2.20}$$

考虑到以下事实,也可以很容易地得出该方程式:只要过程在平衡条件
下发生,水中气泡无限小膨胀所需的功等于总界面能的增量。式(2.20)适用
于所有相组分。例如,只要水滴和气泡的大小相同,则水滴相对于其周围的
压力与水中气泡相对于水的压力相同。

对于单组分系统,当 α 相和 β 相通过弯曲界面结合在一起并处于平衡状态
时,方程

$$\mu^\alpha(T, P^\alpha) = \mu^\alpha(T, P^\beta + \gamma K) = \mu^\beta(T, P^\beta) \tag{2.21}$$

成立。对于不可压缩的 α 相,$\mu^\alpha(T, P^\beta + \gamma K)$ 的泰勒级数展开结果为

$$\mu^\alpha(T, P^\beta + \gamma K) = \mu^\alpha(T, P^\beta) + \gamma K V_m^\alpha \tag{2.22}$$

式中,V_m^α 是 α 相的摩尔体积。

因此,根据式(2.21),有

$$\mu^\alpha(T, P^\beta) - \mu^\beta(T, P^\beta) + \gamma K V_m^\alpha = 0 \tag{2.23}$$

实际上,式(2.23)显示了 α 相和 β 相的体积化学势与界面能之间的关
系。式(2.22)也可以表示为

$$\mu_r^\alpha = \mu_\infty^\alpha + \gamma K V_m^\alpha \tag{2.24a}$$

然后

$$\mu_r^\beta = \mu_\infty^\beta \tag{2.24b}$$

式(2.24a)被称为吉布斯－汤普森方程或汤普森－弗伦德利希方程。只
有当界面的影响仅作用于 α 相,即界面仅属于 α 相时,该方程才是正确的。因
此,当使用式(2.24a)时,必须同时满足式(2.24b)。当用原子活度 a 表示式
(2.24a)时,有

$$RT \ln \frac{a_r}{a_\infty} = \gamma K V_m^\alpha \tag{2.25a}$$

如果

$$(\alpha_r - \alpha_\infty)/\alpha_\infty \ll 1$$

则

$$a_r \cong a_\infty \left(1 + \frac{2\gamma V_m^\alpha}{RTr}\right) \tag{2.25b}$$

2.3.2　在烧结中的应用：凝聚相和分散相

在单组分系统中，对给定温度下处于平衡状态的 α 相和 β 相之间的无穷小且可逆的变化而言，由于 $d\mu^\alpha = d\mu^\beta$，所以

$$V_m^\alpha dP^\alpha = V_m^\beta dP^\beta \tag{2.26}$$

和

$$V_m^\alpha d(P^\alpha - P^\beta) - (V_m^\beta - V_m^\alpha) dP^\beta = 0 \tag{2.27}$$

由于 $P^\alpha - P^\beta = \gamma K$，所以式（2.27）从 0 到 K 和从 P_0 到 P^β 的积分如下：

$$P^\beta - P_0 = \gamma K \frac{V_m^\alpha}{V_m^\beta - V_m^\alpha} \tag{2.28a}$$

同样有

$$P^\alpha - P_0 = \gamma K \frac{V_m^\beta}{V_m^\beta - V_m^\alpha} \tag{2.28b}$$

当 α 是固相或液相之类的凝聚相，而 β 是遵循理想气体定律的分散相时，有

$$P^\alpha = P_\infty + \frac{2\gamma}{r} \tag{2.29a}$$

和

$$p^\beta = p_\infty + \frac{2\gamma}{r}\frac{p_\infty V_m^\alpha}{RT} = p_\infty \left(1 + \frac{2\gamma}{r}\frac{V_m^\alpha}{RT}\right) \tag{2.29b}$$

式中，$V_m^\alpha \ll V_m^\beta$；p^β 是 α 相的蒸气压。

式（2.29a）和式（2.29b）是解释烧结现象的最重要和最基本的方程。图 2.3 说明了如何将式（2.29）应用于烧结。如果通过弯曲界面（图 2.3）保持凝聚相和分散相之间的局部平衡，根据式（2.29a）[①]，则具有正曲率的区域 Ⅰ 中的压力高于具有负曲率的区域 Ⅱ 中的压力。一方面，由于压力差，根据式（2.29b），区域 Ⅰ 上方的蒸气压高于区域 Ⅱ 上方的蒸气压；另一方面，对于可以被认为是真空的分散相的空位，从真空侧起区域 Ⅰ 具有负曲率，区域 Ⅱ 就

[①] 该假设是解释烧结现象的基本假设，它暗示着物质传输决定了任何变化的总体动力学。这也是材料科学中处理扩散动力学的一般假设。

有正曲率。区域 Ⅱ 的平衡空位浓度高于区域 Ⅰ 的平衡空位浓度。浓度差可以根据式（2.29b）计算。因此，式（2.29）不仅可用于计算材料的蒸气压差，还可用于计算块体中空位浓度的差异。

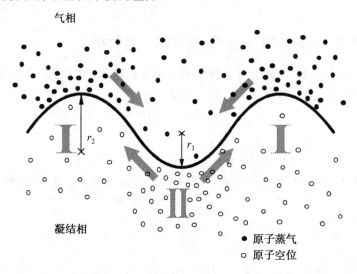

图 2.3　弯曲界面附近原子空位和原子蒸气分布的示意图

　　烧结的热力学驱动力是总界面能量的减少。就动力学而言，界面弯曲而引起的体压、蒸气压和空位浓度的差异会引起物质的传输。注意，三种热力学现象（体压、蒸气压和空位浓度的差异）并存且独立发生。

2.3.3　弯曲界面引起的能量变化

　　到目前为止，假设凝聚相中的能量没有因毛细管压力而变化。换句话说，假定凝聚相是不可压缩的，并且其体积不会随毛细管压力而变化。在实际系统中，凝聚相也是可压缩的，并且其能量随毛细管压力的增加而增加。每摩尔凝聚相的变形所增加的能量是

$$W = -\int_0^P P \mathrm{d}V = -\int_0^P P\left(\frac{\partial V_\mathrm{m}}{\partial P}\right)_T \mathrm{d}P = V_\mathrm{m}\kappa\int_0^P P\mathrm{d}P = \frac{1}{2}V_\mathrm{m}\kappa P^2 \quad (2.30)$$

式中，V_m 是摩尔体积；κ 是可压缩性，且 $\kappa = -(\partial V_\mathrm{m}/\partial P)_T/V_\mathrm{m}$。

　　与总表面能相比，对大于纳米尺寸的粉末，由式（2.30）计算出的变形能可以忽略不计。因此，得出的结论是粉末压坯与其烧结体之间的能量差就是二者总界面能的差。

第 3 章　多晶显微组织

3.1　界面张力与显微组织

多晶的显微组织是将粉末压坯烧结到完全致密后观察到的显微组织。在均质多晶材料中,这种显微组织通常由界面张力决定[①]。图 3.1 所示为三种界面张力之间的平衡状态。对于这种几何形状,满足正弦定律,因此有

$$\frac{\sigma_{12}}{\sin \theta_3} = \frac{\sigma_{23}}{\sin \theta_1} = \frac{\sigma_{31}}{\sin \theta_2} \tag{3.1}$$

式中,σ_{ij} 是作用于 k 相上的每单位长度的拉力。

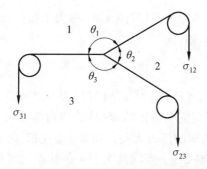

图 3.1　三种界面张力之间的平衡状态

3.1.1　润湿角

润湿角定义为当液滴放置在固相基体上时,固 / 液界面与液 / 气界面之间的夹角,如图 3.2 所示。当考虑平行于基体方向的力平衡时,如果假设 $\sigma = \gamma$,则有

$$\gamma_s = \gamma_{sl} + \gamma_l \cos \theta \tag{3.2}$$

式中,θ 是润湿角;γ_s 是固体表面能;γ_l 是液体表面能;γ_{sl} 是固 / 液界面能。

---

① 在晶界能量具有高各向异性并且因此具有小平面晶界的材料中,由于小平面上的扭矩,界面张力条件可能无法唯一定义晶界之间的角度。

在图 3.2 中，由于在垂直方向上无法满足力平衡，因此三相之间无法保持真正的平衡。当 $\gamma_s \geqslant \gamma_{sl} + \gamma_l$ 时，θ 为 0°，固相被液相完全润湿。润湿性和润湿角通常是用座滴法测量的，测量过程中需要限定基板上液滴的形状。

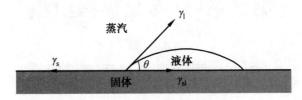

图 3.2　界面张力和润湿角

在许多陶瓷工艺中，液相在基体上的润湿性是一种重要特性。随着润湿角的减小，即润湿性的提高，在液相烧结中致密化得到增强，并且在硬钎焊或软钎焊中焊合情况得到改善。

3.1.2　二面角

两个晶粒之间交界处的角度（图 3.3）称为二面角。如果在这个交界处界面张力处于平衡状态，则

$$\gamma_b = 2\gamma_{\alpha\beta}\cos\frac{\phi}{2} \tag{3.3}$$

式中，γ_b 是 α 晶粒的晶界能；$\gamma_{\alpha\beta}$ 是 α 晶粒和 β 晶粒之间的界面能；ϕ 是二面角。

二面角是由界面能完全确定的，与晶粒的内部压力无关。这意味着二面角是恒定的，与 β 相内部的压力无关。如果 β 是气相，则 ϕ 大于 120°，因为 γ_s 高于 γ_b。通常，γ_s 比 γ_b 高 2～3 倍，ϕ 约为 150°。如果二面角是恒定的，并且交界的边缘沿三维随机分布，则以测得的出现频率最高的角为真实的二面角。

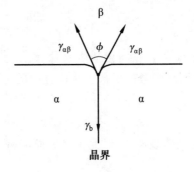

图 3.3　界面张力和二面角

3.2　单相显微组织

在单相材料中,显微组织由晶界能决定,晶界能随相邻晶粒之间的晶体取向而变化。图 3.4 示意性地描绘了倾斜角为 θ 的对称倾斜晶界的能量。如图 3.4 所示,多晶中的晶界能量不是恒定的,并且由张力平衡条件决定的局部显微组织可以变化。但是,对于平衡的晶粒形状,可以假设晶界能量是恒定的。对于肥皂泡结构,该假设是公认的。肥皂泡(晶粒)的平衡形状由两个条件决定:

(1) 界面张力平衡下的总界面面积最小化;

(2) 完全空间堆积,没有空隙。

在此,平衡的晶粒形状是指相同形状和尺寸的晶粒的形状。

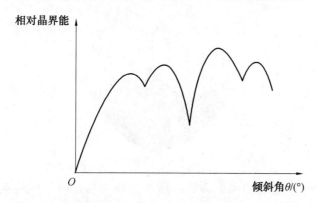

图 3.4　对称倾斜晶界的晶界能随倾角变化的示意图

在二维尺度上,满足上述条件的多边形是六角形;在三维尺度上,表面张力平衡条件要求晶粒的角是六个平面(晶界)和四条线(晶棱)彼此相交的点。这种几何形状是通过在四面体框架的中心点汇合的六个肥皂膜实现的,如图 3.5 所示。根据图 3.5,满足此几何形状的晶粒角数约为 22.8°。因此,不存在满足界面张力平衡条件的平衡多面体。角数接近 22.8° 的多面体是五角十二面体和十四面体。一个五角十二面体由十二个五角形组成,具有二十个顶点;而一个十四面体由六个正方形和八个正六边形组成,并且具有二十四个顶点,如图 3.6 所示。因此,在块状多晶中没有平衡的晶粒形状和平衡的显微组织。然而,当十四面体堆积在体心立方晶格(bcc)中时,尽管不满足界面张力平衡条件,但空间已完全填充。在三维单相显微组织中,四个晶粒在一个点(晶角)相遇,三个晶粒在一个棱边(晶棱)相遇,两个晶粒在一个平面(晶界)上相遇,如图 3.5 所示。实际显微组织中观察到的晶粒有许多与图 3.5 相似的角,并且具有弯曲的晶界。

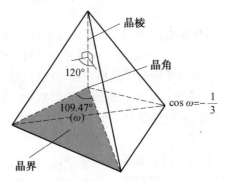

图 3.5　四面体框架中的皂膜平衡

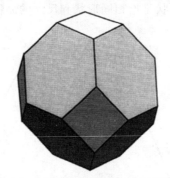

图 3.6　十四面体(切去顶角的八面体)的形状

　　然而,所有的显微组织都满足由欧拉定律所表示的拓扑关系,该定律关系到几何图形中的各个维度。假设 C(角)、E(棱边)、P(多边形) 和 B(多面体) 分别是零维、一维、二维和三维几何图形的数量。欧拉定律表示为

$$C - E + P - B = 1 \tag{3.4}$$

式(3.4)与任何几何图形的数量和形状无关。对于二维图形,满足 $C - E + P = 1$。可以使用欧拉定律描述二维显微组织的特征。在图 3.7 中,一个典型的二维显微组织,三个多边形在一个点处汇合。因此,$3C = \sum n P_n + E_c$,其中 P_n 是具有 n 条棱边的多边形的数量;E_c 是图的外轮廓中每两个多边形共享角的数量。与角不同,当两个多边形彼此相遇时会形成一条棱边。因此,$2E = \sum n P_n + E_b$,其中 E_b 是外轮廓中未共享边的数量。将这些方程代入式(3.4)有

$$\sum (6 - n) P_n - E_b = 6 \tag{3.5}$$

图 3.7 完全满足式(3.5)。

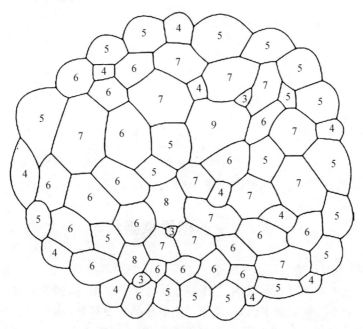

图 3.7　多边形网络(显微组织示意图)中拓扑关系(式(3.5))的图示

令 P 为多边形的总数，p_n 为 n 边形的分数。则式(3.5) 为

$$\sum (6-n) p_n = \frac{E_b + 6}{P} \qquad (3.6)$$

对于具有大量多边形的显微组织，可以忽略式(3.6) 的右侧，即

$$\sum (6-n) p_n = 0 \qquad (3.7a)$$

$$4p_2 + 3p_3 + 2p_4 + 1p_5 \pm 0p_6 - 1p_7 - 2p_8 - \cdots - (n-6)p_n = 0$$
$$\qquad (3.7b)$$

该式表明二维显微组织中的平均晶粒形状为六边形，并且多边形分布满足该式。例如，如果显微组织中存在一个三角形晶粒，则还必须有一个九个边的晶粒，或者七个边和八个边的两个晶粒。对于具有相同能量并因此具有 $120°$ 二面角的晶界，具有六个以上边的晶粒一般具有凹形晶界，而少于六个边的晶粒一般具有凸形晶界。

对于三维块体显微组织，利用式(3.4) 也可以推导多面体(B)、多边形(P)、棱边(E)和角(C)之间的关系，如下所示：

$$\sum (6-n) P_n = 6(B+1) \qquad (3.8)$$

令 $\bar{n}$ 为所有多边形的平均棱边数 $\sum nP_n/P$,以下等式成立:

$$\frac{C}{B} = \frac{\bar{n}}{(6-\bar{n}) - \dfrac{6}{P}} \tag{3.9a}$$

$$\frac{P}{B} = \frac{6}{(6-\bar{n}) - \dfrac{\bar{n}}{C}} \tag{3.9b}$$

$$\bar{n} = 6\left(1 - \frac{B+1}{P}\right) \tag{3.9c}$$

$$P - C = B + 1 \tag{3.9d}$$

如果块体显微组织由十四面体构成,则 $P/B=7,C/B=6,\bar{n}=36/7$。

3.3　多相显微组织

通常,多相显微组织由界面张力之间的局部平衡决定。图 3.8 描述了三个接触晶粒的局部形状示意图。当张力保持局部平衡时,满足正弦定律(式 (3.1))。对于二维显微组织,存在于三个这样晶粒交界处(称为三叉晶界)的第二相可具有各种形状,这取决于二面角,如图 3.9 所示。

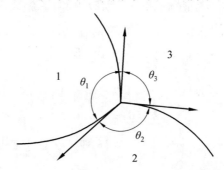

图 3.8　三个接触晶粒之间的平衡界面张力示意图

在三维空间中,随着二面角的减小,第二相沿着三个晶棱延伸,当二面角等于或小于 60° 时,第二相形成连续的网络。图 3.10 显示了二面角小于和大于 60° 的第二相的分布示意图。对于 $\phi > 60°$,第二相是孤立的;但对于 $\phi < 60°$,第二相沿三个晶棱延伸。图 3.11 中 $\phi \approx 30°$ 的液相烧结合金的真实显微组织与图 3.10(b) 中的显微组织示意图相似。随着二面角的减小,晶界面积减小。

当二面角为 0° 时,在晶界处存在液膜并且所有晶粒都被液膜隔开。但是实际上,由于晶界能量不是恒定的(图 3.4),某些晶界(低能晶界)可以保持完

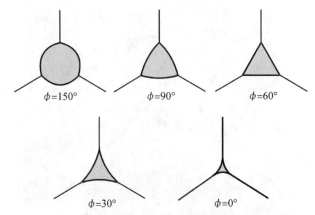

图 3.9　二维显微组织中具有不同二面角的第二相的分布

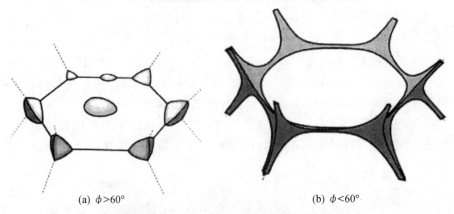

(a) $\phi > 60°$　　　　　　　　　　(b) $\phi < 60°$

图 3.10　二面角 $\phi > 60°$ 和 $\phi < 60°$ 的第二相的三维分布示意图

整。此外,最近的研究表明,尽管二面角为 0°,但晶粒间是否存在液膜取决于粉末压坯的工艺路径。对于 Nb_2O_5 掺杂的 $SrTiO_3$,在低于共晶温度的还原气氛中对样品进行预退火,可防止在相同气氛中高于共晶温度烧结时液相在晶粒之间渗透。该样品的二面角显然为 0°,即在不进行预退火的情况下,如果在共晶温度以上退火,那么在小平面晶粒之间就会生成液膜。经不同工艺路径处理的样品,液相分布的这种差异性可以通过理论计算来解释,该理论计算的依据是在有液膜和没有液膜时,分别对应两个能量最低的状态。

　　预测并测量的陶瓷中液膜的厚度一般小于几纳米,而且在 10 个大气压量级的外部压力下可保持液膜厚度几乎不变。该液膜的性质与液体的性质不同,而是更接近于固体的性质。然而,最近的一项研究结果表明(图 3.12),液膜可在干燥晶界上形成并在晶粒长大期间变厚。随着 $BaTiO_3$ 单晶在掺杂摩尔分数 0.4% TiO_2 的细晶 $BaTiO_3$(晶粒尺寸约 2 μm)基体中长大时,在高于

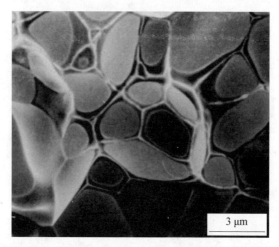

图 3.11　W—Ni—Fe 高比重合金的断口形貌

(98W—1Ni—1Fe(质量分数,%)样品的烧结工艺是:在 H₂ 中 1 460 ℃/10 min)

共晶温度条件下,在单晶与细基体晶粒之间原体干燥的晶界（图 3.12(a)）形
成一层液膜(图 3.12(b))并变厚(图 3.12(c))。随着 TiO₂ 掺杂量的增加,液
膜厚度明显增加,掺杂摩尔分数为 1.0% TiO₂ 的双层样品在 1 350 ℃退火
50 h后,液膜厚度约为 12 nm。液膜的这种动力学形成和增厚过程是由于晶
粒长大期间在晶界处偏析杂质的积累和在三叉晶界处存在的液相渗透到晶
界中所致。

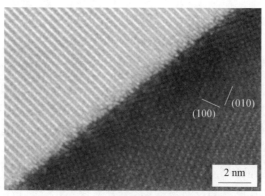

(a) 5 h

图 3.12　单晶和细晶基体晶粒之间的晶界的高分辨电子显微镜图像

(掺杂摩尔分数 0.4% TiO₂ 的(100)单晶/多晶双层样品在 1 250 ℃氢
气中处理 10 h后,再在 1 350 ℃空气中进行不同时间的退火)

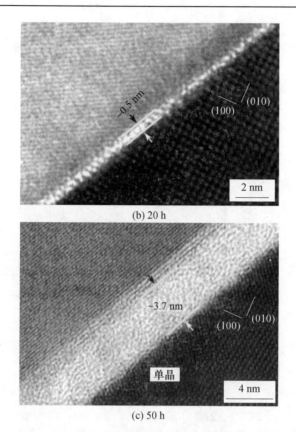

(b) 20 h

(c) 50 h

续图 3.12

对于给定的二面角和给定的第二相(基体)的体积分数,晶粒将会呈现具有最小界面能的形状。Park 和 Yoon 计算了作为基体体积分数和二面角函数的晶粒的界面能与棱长为 l 的菱形十二面体晶粒的晶界能($4\sqrt{2}\,l^2\gamma_b$)之间的关系。图 3.13 是固定晶粒体积不变条件下计算的曲线,表明如果二面角也固定不变,那么,只有当基体相的体积分数为特定值时界面能才达到最小值。当二面角大于 90°时,完全致密的单相多晶体(即第二相含量为 0 时)具有最小的界面能,因为此时界面能随基体体积分数的增加而单调增加;相反,当系统的二面角小于 90°时,当第二相含量为某特定值时可获得最小的界面能。例如,假设一个单相多晶体,其构成晶粒的形状是菱形十二面体,与液相接触形成的二面角等于 30°。这种情况下,液相会自动渗入到多晶体内,液相体积分数最大可达到约 18%,对应的显微组织中,液相通过晶界保持连通,而主晶相晶粒开始变圆。如果液相体积分数达不到 18%,显微组织中的主晶相晶粒的圆整性将降低。相反,如果强行向压坯中填入更多液相,使之体积分数超过

18%,此时,多余的液相(即超过 18%的部分)将被排出到压坯之外。同理,对于 $\phi > 0°$,相对于基体体积分数计算出的超出最小值的曲线显示了当将多余的基体推入压块直至晶粒变成球形时所获得的界面能。

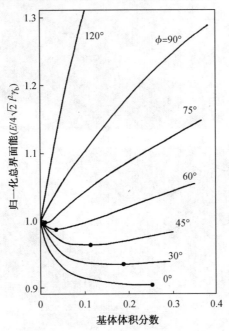

图 3.13　当二面角改变时,总界面能 E 随基体相体积分数的变化
(假定每个晶粒的体积不发生变化,最小 E 值用实心圆表示)

　　以上讨论表明,当二面角固定不变时,如果基体相的体积分数不等于由最小界面能确定的基体分数,那么必定存在一种驱动力,促使晶粒达到界面能最小的形状。也就是说,烧结过程中,压坯自身具有一定压力,驱使压坯的界面能最小化。在第二相是气相的固相烧结压坯的情况下,作用在压坯的有效压力即为烧结压力。

　　有效压力的计算方法与第 2.3.1 节中计算毛细管压力的方法类似,其中,在有效压力下,微小体积变化所做的功等于系统总界面能的变化。

　　假设固相体积恒定而基体体积可变,那么,有效压力 P_e 表示为

$$P_e = -\frac{(1-f_m)^2}{V_g}\left[\frac{\partial E}{\partial f_m}\right]_{V_g} \tag{3.10}$$

式中,f_m 是基体的体积分数;V_g 是晶粒的体积;E 是晶粒的总界面能。

　　式(3.10)表明,有效压力与晶粒尺寸成反比,并且与图 3.13 中计算的曲线斜率成正比。

习　　题

1.1　假设粉末颗粒是边长为 l 的立方体,在没有晶粒长大的情况下,推导致密化时的能量变化。根据计算出的能量变化,讨论如何改善粉末的烧结性。已知粉末的比表面能为 γ_s,比晶界能为 γ_b。

1.2　现有化学成分相同的钢粉和钢板。绘制以下不同过程中吉布斯自由能随时间变化的示意图并做解释:(1) 钢粉烧结;(2) 钢板冷轧;(3) 钢板热处理(退火)。假设烧结温度和热处理温度相同,并且各工艺的时间周期也相同。热处理假定为淬火过程而烧结假定为随炉冷却过程。

1.3　推导式(2.15) $\sigma_{ij} = \delta_{ij}\gamma + \dfrac{\partial \gamma}{\partial \varepsilon_{ij}}$。

1.4　如题 1.4 图所示,两个弹性气球装有不同量的空气,由玻璃管中的阀门隔开。当阀门打开时,会发生什么?

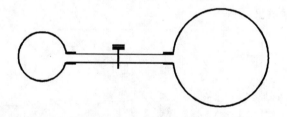

题 1.4 图

1.5　单晶球内有一个球形孔,请问作用在孔上使孔收缩的压力是多少? 获得此答案需要做哪些假设?

1.6　致密度为 0.90 的玻璃内有半径 5 μm 的气泡,气泡中有 1 个大气压的不溶性气体。请问气泡的平衡尺寸和玻璃的最终密度是多少? 假设 γ_s 为 0.5 J/m²。

1.7　在 20 ℃ 压制的 Cu 粉坯体内封闭了一个半径 3 μm 的孤立的球形气孔。请问 1 000 ℃ 时该孔是膨胀还是收缩? 假设封闭在孔中的不溶性气体的初始压力为 10^5 N/m²,1 000 ℃ 时 Cu 的表面能为 1.4 J/m²。

1.8　证明由离散态形成半径为 r 的颗粒,引起的能量增量为 $4\pi r^2 \gamma_s$。

1.9　假设铜球曲率引起的弹性应变能恰好等于其表面能,请计算铜球的尺寸。假设 Cu 的表面能 γ_s 为 1.4 J/m²,Cu 的压缩系数 $\kappa = 7.1 \times 10^{-12}$ m²/N。

请对计算结果展开讨论。

　　1.10　当 10 个半径 1 μm 的水滴黏在一起形成一个大水滴时,发生了怎样的能量变化? 水的压缩系数为 4.5×10^{-10} m²/N,表面能为 7.3×10^{-2} J/m²。

　　1.11　画图给出 1 000 ℃ 时材料的平衡蒸气压随曲率半径(0.01 ~ 10 μm)的变化。假设材料的摩尔体积和表面能分别为 1×10^{-5} m³ 和 1 J/m²。

　　1.12.　将一根细管竖直插入液体时,管中的液面位置将随润湿角 θ、细管半径 r、液体密度 ρ 和液体表面张力 γ_1 而变化。使用两个不同的概念推导液面的位置高度:管中液体的毛细压力和液体的表面张力。

　　1.13　假设 α 相和 β 相的摩尔体积相同,式(2.28)表明,将一个半径为 r 的 α 相颗粒嵌入 β 相中的压力 P^{α} 为无穷大。这个结果合理吗? 请讨论。

　　·1.14　请证明两个晶粒之间的二面角与作用在晶粒表面上的外部等静压无关。

　　1.15　某晶体在空气中的平衡形状为立方体,请问包裹在晶体中的气孔处于平衡状态时是什么形状的?

　　1.16　题 1.16 图中的显微组织由 α 相(暗区)和 β 相(亮区)组成。解释测量 α/α 相和 β/β 相晶界能比值 $\gamma_{\alpha/\alpha}/\gamma_{\beta/\beta}$ 的可能方法,并描述为测量所做的假设,哪个晶界能量更高?

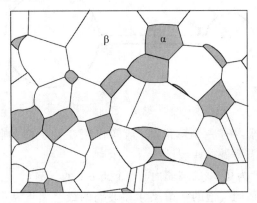

题 1.16 图

　　1.17　推导式(3.8)和式(3.9)。

　　1.18　当多晶体浸入液体中并处于固－液化学平衡状态时,液体可根据二面角沿晶界渗入固体内部,形成固液两相组织。但是,如果界面能不是常数,而是随着晶界取向变化,即使表观二面角为 0°,一些能量较低的界面也不可能被液相渗透。假设在二维平面上最近邻晶粒数为 6,研究人员估计了三维中未被渗透的晶界面积所占总晶界面积的分数为(晶界数 / 晶粒数 ×6) ×

100%。讨论其估计结果是否合理。

　　1.19　假设 γ_b 为 α 晶粒的晶界能，γ_{sl} 为 α 晶粒与基体之间的界面能。请画出 γ_{sl}/γ_b 随二面角 ϕ 的变化关系的示意图并解释。

　　1.20　计算半径为 r 的球形第二相颗粒分别位于两个晶粒晶界、3 个晶粒棱边和 4 个晶粒角处的总界面能差。尽管晶界能 γ_b 的值是有限大的，但假定二面角为 180°。

　　1.21　描述真空热压烧结的全致密氧化物多晶体随退火时间（从 0 h 到无穷长时间）延长而可能发生的显微组织变化。假定二面角为 75°。

　　1.22　为了制备具有高临界电流密度的 $YBa_2Cu_3O_{7-x}$（123）块状超导体，通常使用由 Y_2BaCuO_5（211）和氧化物熔体之间的包晶反应组成的熔融织构技术。211 相与氧化物熔体之间通过包晶反应形成的 123 晶粒优先向〈100〉方向生长，并经常将孤立的气孔滞留在熔体中。在包含 $BaCeO_3$ 的系统中，123 晶粒内滞留的气孔具有特殊的形状，如题 1.22 图所示。解释形成具有细长形状的晶体学整齐排列孔的可能原因。

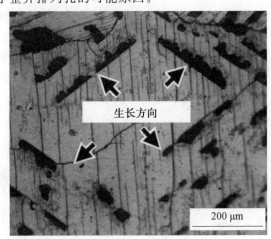

题 1.22 图

　　1.23　液相烧结法获得烧结体，其显微组织中的基体相通常是由大小均匀晶粒构成的。如果液相烧结体内有气泡，请按润湿角 θ 大于和小于 90° 两种情况分别绘制出气泡形状示意图。这两种情况下，烧结体的力学性能（如拉伸强度）是否会有不同？请解释。

　　1.24　晶界能通常随晶粒之间的取向而变化。假设液体渗透到多晶体的所有晶界中，请绘制晶界能与晶界取向关系的示意图，以及固/液界面能与晶界取向关系的示意图，并解释。

1.25　假如某多晶体由各向同性的晶粒构成。如果多晶体在液体 A 中分解为各向同性的圆形晶粒，而在液体 B 中分解为各向异性的有棱角的晶粒，那么，请合理推测 γ_b 和 γ_{sl} 随着晶界倾斜角（晶界转角）的变化情况并给出解释。

1.26　假设二面角为 0° 的两个多晶体，分别含有少量液相（如体积分数为 1%）和不含液相。假设两个多晶体内的晶粒都有大有小。请描述两个多晶体中大、小晶粒之间的晶界的形状差异。假定晶界能和固／液界面能随晶界取向不变。

1.27　假如 α－液相、β－液相两个系统在某温度都处于平衡状态，α、β 的二面角分别为 30° 和 5°。当致密的 α－液相压坯与致密的 β－液相压坯（分别含体积分数为 5% 液相）相互接触时，在刚接触、短时间接触和长时间接触 3 种情况下，显微组织将发生怎样的变化？假设润湿角为 0°，α 和 β 的摩尔体积相同，并且液相中不同原子的扩散系数相同。

1.28　Park 和 Yoon 计算了两相系统的总界面能，如图 3.13 所示。根据他们的计算，对于二面角 $0° < \phi < 90°$ 的系统，假定基体相的体积分数不变，而且处于界面能最小的状态。如果粉末压坯中基体相的体积分数大于最小界面能对应的数值，那么，粉末压坯在烧结过程中将会发生怎样的变化？在什么条件下，根据液相体积分数计算的总界面能才大于根据最小界面能计算的总界面能？计算出的曲线，右端表达了什么意思？

关于烧结科学的一些参考资料

[S1] Jones, W. D. , Fundamental Principles of Powder Metallurgy, Edward Arnold, London, 1960.

[S2] Thümmler, F. and Thomma, W. , Sintering processes, Metall. Review, Vol. 12, 69-108, 1967.

[S3] Geguzin, J. E. , Physik des Sinterns, VEB Deutscher Verlag für Grundstoffindustrie, Leipzig, 1973.

[S4] Lenel, F. V. , Powder Metallurgy: Principles and Applications, MPIF, Princeton, 1980.

[S5] Exner, H. E. and Arzt, E. , Sintering processes, in Physical Metallurgy (3rd edition), Chap. 30, R. W. Cahn and P. Haasen (eds), Elsevier

Science Publishing, Amsterdam, 1885-912, 1983.

[S6] German, R. M., Liquid Phase Sintering, Plenum Press, New York, 1985.

[S7] Rahaman, M. N., Ceramic Processing and Sintering (1st and 2nd editions), Marcel Dekker, New York, 1995 and 2003.

[S8] German, R. M., Sintering Theory and Practice, John Wiley & Sons, New York, 1996.

[S9] Kingery, W. D., Bowen, H. K. and Uhlmann, D. R., Introduction to Ceramics (2nd edition), John Wiley & Sons, New York, 1976.

[S10] Chiang, Y.-M., Birnie III, D. and Kingery, W. D., Physical Ceramics, John Wiley & Sons, New York, 1997.

[S11] Trivedi, R. K., Theory of capillarity, in Lectures on the Theory of Phase Transformations, Chap. 2, H. I. Aaronson (ed.), AIME, New York, 51-81, 1975.

[S12] Murr, L. E., Interfacial Phenomena in Metals and Alloys, Addison-Wesley, London, 1975.

[S13] Martin, J. W. and Doherty, R. D., Stability of Microstructure in Metallic Systems, Cambridge University Press, Cambridge, 1976.

[S14] Howe, J. M., Interfaces in Materials, John Wiley & Sons, New York, 1997.

[S15] Lupis, C. H. P., Chemical Thermodynamics of Materials, Elsevier Science Publishing, New York, 1983.

参 考 文 献

[1] Sheppard, L. M., Maintaining competitiveness in the age of materials, Am. Ceram. Soc. Bull., 68, 2038-39, 1989.

[2] General textbooks on thermodynamics and interfaces, such as General References from S11 to S15.

[3] Mullins, W. W., Solid surface morphologies governed by capillarity, in Metal Surfaces: Structure, Energetics and Kinetics, ASM, Metals Park, Ohio, 17-66, 1963.

[4] Murr, L. E., Interfacial Phenomena in Metals and Alloys, Addison-

Wesley, London,87-164, 1975.

[5] Kingery, W. D. , Bowen, H. K. and Uhlmann, D. R. , Introduction to Ceramics (2nd edition), John Wiley & Sons, New York, 177-216, 1976.

[6] Chiang, Y. -M. , Birnie III, D. and Kingery, W. D. , Physical Ceramics, John Wiley&Sons, New York, 351-71, 1997.

[7] Cahn, J. W. and Hoffman, D. W. , A vector thermodynamics for anisotropic interfaces II. Curved and faceted surfaces, Acta Metall. , 22, 1205-14, 1974.

[8] King, A. H. , Equilibrium at triple junctions under the influence of anisotropic grain boundary energy, in Grain Growth in Polycrystalline Materials, H. Weiland, B. L. Adams and A. D. Rollett (eds) TMS, Warrendale, PA, 333-38, 1988.

[9] Rice, J. R. and Chuang, T. -J. , Energy variations in diffusive cavity growth, J. Am. Ceram. Soc. , 64, 46-53, 1981.

[10] Harker, D. and Parker, E. R. , Grain shape and grain growth, Trans. ASM, 34, 156-201, 1945.

[11] Ball, C. J. , Estimation of the dihedral angle between spherical grains from measurements in a plane section, Trans. Brit. Ceram. Soc. , 65, 41-49, 1966.

[12] Smith, C. S. , Some elementary principles of polycrystalline microstructure, Metall. Reviews, 9, 1-48, 1964.

[13] Smith, C. S. , Grains, phases and interfaces: an interpretation of microstructure,Trans. , AIME, 175, 15-51, 1948.

[14] Chadwick, G. A. , Metallography of Phase Transformations , Butterworth & Co. ,London, 160-82, 1972.

[15] Park, H. -H. , Kang, S. -J. L. and Yoon, D. N. , An analysis of the surface menisci in a mixture of liquid and deformable grains, Metall. Trans. A. , 17A, 325-30, 1986.

[16] Kim, S. S. and Yoon, D. N. , Coarsening of Mo grains in the molten Ni-Fe matrix of a low volume fraction, Acta Metall. , 33, 281-86, 1985.

[17] Ackler, H. D. and Chiang, Y. -M. , Effect of initial microstructure on final intergranular phase distribution in liquid phase sintered ceramics,

J. Am. Ceram. Soc. , 82, 183-89, 1999.

[18] Chung, S. -Y. and Kang, S. -J. L. , Intergranular amorphous films and dislocation-promoted grain growth in SrTiO$_3$, Acta Mater. , 51, 2345-54, 2003.

[19] Clarke, D. R. , On the equilibrium thickness of intergranular glass phases in ceramic materials, J. Am. Ceram. Soc. , 70, 15-22, 1987.

[20] Clarke, D. R. , Shaw, T. M. , Philipse, A. P. and Horn, R. G. , Possible electrical double-layer contribution to the equilibrium thickness of intergranular glass films in polycrystalline ceramics, J. Am. Ceram. Soc. , 76, 1201-204, 1993.

[21] Tu, K. -N. , Mayer, J. W. and Feldman, L. C. , Electronic Thin Film Science for Electrical Engineers and Materials Scientists, Macmillan Publishing Co. , NewYork, 246-80, 1992.

[22] Choi, S. -Y. , Yoon, D. Y. and Kang, S. -J. L. , Kinetic formation and thickening of intergranular amorphous films at grain boundaries in BaTiO$_3$, Acta Mater. , 52,3721-26, 2004.

[23] Beere, W. , A unifying theory of the stability of penetrating liquid phases and sintering pores, Acta Metall. , 23, 131-38, 1975.

[24] Park, H. H. and Yoon, D. N. , Effect of dihedral angle on the morphology of grains in a matrix phase,Metall. Trans. A. , 16A, 923-28, 1985.

[25] Kim, C. -J. , Hong, G. -W. and Kang, S. -J. L. , Entrapment of elongated and crystallographically aligned pores in YBa$_2$Cu$_3$O$_{7-x}$ melt-textured with BaCeO$_3$ addition, J. Mater. Res. , 14, 1707-10, 1999.

第二部分　固相烧结模型与致密化

　　固相烧结通常分为三个相互重叠的阶段:初期、中期和后期。图1示意性地描述了在烧结过程中,压坯在这几个阶段的典型致密化曲线。初期的特征是在颗粒之间形成烧结颈,其对压坯收缩的贡献最大值为2%～3%;在中期,闭气孔形成之前会发生相当大的致密化,致密度约达到93%;后期从气孔由开气孔变为闭气孔算起,直到实现完全致密化。对于每个阶段,通常使用简化模型:初期采用双颗粒模型,中期采用连通气孔模型,后期采用孤立气孔模型。尽管所有模型都没有考虑烧结过程中的晶粒长大因素,但确实提供了一种分析评价方法,研究致密化过程及各种工艺参数的影响。第4章讨论初期的烧结机理和动力学原理;第5章阐述了中期和后期烧结的致密化模型和理论,还介绍了压力辅助烧结和约束烧结的专题。

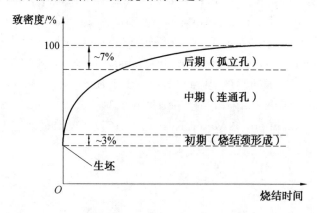

图1　粉末压坯在三个烧结阶段的致密化曲线

第4章　烧结初期

4.1　双颗粒模型

4.1.1　几何关系

具有不同尺寸复杂形状颗粒的粉末压坯,其烧结不能以简单的方式解释。但是,如果把粉末颗粒假设为大小相同的球形颗粒,那么粉末压坯的烧结可以简化为两个颗粒之间的烧结,如图4.1所示。在早期研究中,球体/板几何模型也曾经用于解释初期的烧结。由于烧结驱动力主要取决于颈部的几何形状和尺寸,因此,首先需要检查颈部周围的几何关系。

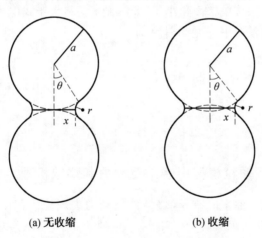

(a) 无收缩　　　　　　　　　(b) 收缩

图 4.1　烧结初期的双颗粒模型

图4.1显示了由两个球形颗粒构成的两种几何模型:无收缩模型和收缩模型。在图4.1(a)中,两个颗粒的中心距没有发生变化,但是随着烧结时间延长,颈部尺寸增加。在收缩模型中(图4.1(b)),物质传输发生在两颗粒之间的界面上,颈部尺寸随着烧结时间的延长而增加,导致收缩。如果颗粒之间的二面角为180°,并且在烧结过程中晶粒尺寸没有变化,则对于无收缩模型(图4.1(a)),颈部曲率半径 r、颈部面积 A 和颈部体积 V 分别为

$$r \approx \frac{x^2}{2a} \tag{4.1}$$

$$A \approx 2\pi x 2r = \frac{2\pi x^3}{a} \tag{4.2}$$

$$V = \int A \mathrm{d}x = \frac{\pi x^4}{2a} \tag{4.3}$$

式中,a 是颗粒半径;x 是颈部半径。

对于收缩模型(图 4.1(b)),有

$$r \approx \frac{x^2}{4a} \tag{4.4}$$

$$A \approx \frac{\pi x^3}{a} \tag{4.5}$$

$$V \approx \frac{\pi x^2 2r}{2} = \frac{\pi x^4}{4a} \tag{4.6}$$

将式(4.1) ～ (4.3)与式(4.4) ～ (4.6)进行比较,可以看出如果发生收缩,其各项值分别是无收缩值的一半。

如果在实际系统中二面角小于 $180°$,则 r 值将大于式(4.1)和式(4.4)中的值。在无收缩情况下,r 值可计算为

$$r = \frac{x^2}{2a\left[1 - \left(\dfrac{x}{a}\right)\sin\dfrac{\phi}{2} - \cos\dfrac{\phi}{2}\right]}$$

$$\approx \frac{x^2}{2a\left(1 - \cos\dfrac{\phi}{2}\right)} \quad \left(\frac{x}{a} \ll 1\right) \tag{4.7}$$

4.1.2　双颗粒模型中烧结驱动力和烧结机理

由于颗粒表面曲率的差异,烧结的驱动力表现为体积压力、空位浓度和蒸气压的差异(并行现象)。对于图 4.1 中的几何形状,压差 ΔP 为

$$\Delta P = P_\mathrm{a} - P_\mathrm{r} = \gamma_\mathrm{s}\left(\frac{2}{a} + \frac{1}{r} - \frac{1}{x}\right)$$

$$\cong \frac{\gamma_\mathrm{s}}{r} \quad (a \gg x \gg r) \tag{4.8}$$

空位浓度差 ΔC_v 为

$$\Delta C_\mathrm{v} = \Delta C_{\mathrm{v},\infty} \frac{V'_\mathrm{m}}{RT} \frac{\gamma_\mathrm{s}}{r} \tag{4.9}$$

蒸气压差 Δp 为

$$\Delta p = p_\infty \frac{V_m}{RT} \frac{\gamma_s}{r} \qquad (4.10)$$

式中,γ_s 是固体的比表面能(固体表面能);V'_m 是空位的摩尔体积;V_m 是固体的摩尔体积。

通常,由于空位周围原子的弛豫,V'_m 与 V_m 不同。

体积压力差(式(4.8))、空位浓度差(式(4.9))和蒸气压差(式(4.10))引起物质的传输。表 4.1 列出了物质传输的主要机理及其相关参数。图 4.2 说明了表 4.1 中列出的传输机理对应的物质传输路径。由于界面曲率不同而产生的物质传输是在各种机理的作用下并行发生的。然而,对于给定的系统,主导机理可以根据颗粒尺寸、颈部半径、温度和时间等参数而变化(见第 4.3 节)。

表 4.1　烧结过程中的物质传输机理和相关参数

物质传输机理	物质来源	物质流向	相关参数
1.晶格扩散	晶界	颈部	晶格扩散系数,D_l
2.晶界扩散	晶界	颈部	晶界扩散系数,D_b
3.黏性流	晶粒	颈部	黏度,η
4.表面扩散	晶粒表面	颈部	表面扩散系数,D_s
5.晶格扩散	晶粒表面	颈部	晶格扩散系数,D_l
6.1气相传质(蒸发/凝聚)	晶粒表面	颈部	蒸气压差,Δp
6.2气相传质(气体扩散)	晶粒表面	颈部	气体扩散系数,D_g

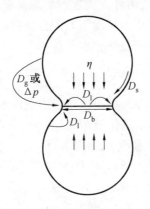

图 4.2　烧结过程中的物质传输路径

一些物质传输机理有助于致密化和收缩,而另一些则没有。两颗粒中心距的减小只有通过黏性流动或原子运动把晶界上的物质（原子）大量输送到烧结颈表面才可实现。如果烧结颈接收的物质来自颗粒表面，此时，颗粒中心距没有减小，但颈部的尺寸会由于物质的重新分配而增加。因此，晶界是结晶粉末压坯致密和收缩过程中物质传输的来源。

20 世纪 40 年代提出各种烧结模型时，并没有认识到晶界作为烧结物质来源的重要性；20 世纪 50 年代，通过几个模型实验才逐渐认识到了这一重要意义。Alexander 和 Balluffi 用铜线轴缠绕铜丝的烧结试验表明，只有附着在晶界上的气孔能够发生收缩变小；残留在晶粒内的气孔却不能收缩。到了 20 世纪 60 年代，各种烧结机理都得到了进一步的实验验证。

在对烧结机理的研究中，关于在烧结过程中晶体颗粒是否发生塑性变形的问题（类似于非晶材料的大量流动）一直有争议。尽管塑性变形可能是压力辅助烧结的主要致密化机理（见第 5.6 节），但在大气烧结条件下它并不重要，如 Kuczynski 等的研究结果。此外，计算表明，颈部区域的毛细作用力通常远小于产生位错所需的应力 $2\mu b/l$，其中 μ 是剪切模量，b 是伯氏矢量，l 是产生位错的钉尖之间的距离。仅当颗粒在烧结刚开始就点接触时，才可能发生塑性变形（见 4.3 节）。另外，基于对颗粒之间颈部区域位错密度的测量，Schatt 等提出位错密度随烧结时间而变化，并且位错密度的这种变化严重影响烧结。但是，几乎没有实验可以证实位错促进烧结。

4.1.3　原子扩散和扩散方程

扩散是最重要的烧结机理。扩散机理与空位浓度梯度推动的原子运动有关。原子运动本身可以用两种方式进行物理解释：空位浓度梯度下空位扩散引起的原子运动，以及在应力梯度下原子自身的运动。

就空位运动而言，空位通量 J_{vac} 表示为

$$J_{vac} = -D_v \nabla C_v = -\frac{D_v C_{v,\infty} V'_m}{RT}(\Delta P)\frac{1}{L} \tag{4.11}$$

式中，D_v 是空位扩散系数；C_v 是每单位体积的空位浓度；$C_{v,\infty}$ 是具有平坦表面的材料中的平衡空位浓度；L 是扩散距离。

就原子运动而言，原子通量 J_{atom} 表示为

$$J_{atom} = -C_a B_a \nabla(\mu_a - \mu_v) \tag{4.12}$$

式中，C_a 是每单位体积的原子浓度；B_a 是原子迁移率；μ_a 是原子的化学势；μ_v 是空位的化学势。

式（4.12）适用于 B_a 不随原子位置的改变而改变的情况。Berrin 和 Johnson 认为，如果空位的形成和湮没是自由发生的，则空位基本不会移动，

并且任何区域的空位浓度均处于局部平衡状态。在这些条件下,不同位置的空位其化学势不会有差异,并且实际等效为空位的空间浓度分布没有改变。式(4.12)可以写成

$$J_{atom} = -C_a B_a \nabla \mu_a = -C_a \frac{D_a}{RT} \nabla \sigma V_m = -\frac{D_a}{RT} \nabla \sigma = -\frac{D_a}{RT} (\Delta P) \frac{1}{L}$$

$$(4.13)$$

式中,D_a 是原子扩散系数;σ 是压力。

式(4.13)与式(4.11)相同,因为 $D_v C_v = D_a C_a$。

因此,可以使用式(4.11)或式(4.13)来描述通过扩散发生的烧结动力学。但是,由于空位运动机理描述含有添加剂的烧结动力学时有偏差,在这种情况下采用原子化学势差异引起原子运动的概念更为适用。根据 Johnson 的说法,如果掺杂剂分布均匀,则受掺杂剂浓度约束,空位浓度梯度大大降低,而与是否存在气孔无关(注意,该假设可能有问题)。因此,空位运动机理可能不适用于解释掺杂剂对烧结致密化的影响。另外,在原子运动机理中,掺杂剂的影响表现为原子迁移率的增加,这很好地解释了添加掺杂剂的材料的烧结动力学。扩散烧结应解释为以化学势梯度为驱动力,而不是空位浓度梯度为驱动力的物质传输。

4.1.4　烧结模型的一般特征及其局限性

烧结的基本假设是颗粒在准平衡状态下进行烧结。这意味着对于扩散来说,需要扩散梯度处于稳定状态,并且与颗粒几何形状变化所需时间相比,扩散梯度达到稳定状态所需时间可以忽略。因此,任何位置的原子在给定的毛细应力下都处于局部平衡状态。在这种假设下,烧结动力学不受平衡反应及其界面处的动力学控制,而是受原子运动的控制。(该假设不适用于 4.2.6 节所描述的蒸发／凝聚机理)

另一个假设是晶界处的应力分布推动晶界处的原子均匀地到达颈部。该假设的物理依据是:当晶界上的原子被传输到颈部后,晶界上不会因为流失了原子而形成气孔。Exner 和 Bross 采用双线模型计算出了晶界上的应力分布呈抛物线关系,在颈部中心区域是压应力,在颈部外表面是拉应力。

在烧结过程中,晶界和颗粒表面分别是发生扩散的原子的源和汇。虽然位错也可以是原子的源和汇,但是位错的贡献很小,通常可以忽略不计。晶界通常被假定为理想的源和汇,假定在晶界上发生原子附着或脱离不消耗能量。但是,在实际系统中的晶界一般具有晶体学上排列得很好的结构,原子脱离或附着需要消耗一定的能量,因此,实际上来讲,该假设与系统的实际情

况并不相符。

当晶界是小平面时,可以清楚地认识到晶界并非完美的原子的源和汇。最近对 BaTiO$_3$ 烧结的研究表明,当晶界发生从粗糙界面到小平面界面的结构转变时,致密化速率和晶粒长大速率会大大降低。该结果表明,需要消耗更多的能量才能从小平面界面上除去原子。从晶界去除原子需要消耗能量的另一个原因是晶界处有溶质原子或第二相颗粒。如果晶界处的位错影响原子运动或空位运动,那么溶质原子或第二相颗粒必定阻碍位错运动并降低原子运动的驱动力(见 10.1 节)。以上分析表明,实际的烧结系统很难满足理想的原子源和汇的假设。然而,该假设仍然是烧结理论的基本假设,在烧结动力学和理论的发展中被普遍接受。

4.2　烧结动力学

如上所述,受几何形状和应力分布的影响,双颗粒模型中的烧结动力学可能会发生很大变化。目前为止,发表的颈部生长动力学的计算方法有很多种,但各种算式的精确度问题也存在争议。因此,各种颈部生长表达式引入的数值常数通常没有绝对意义,尽管如此,颈部尺寸与烧结时间的关系,在物理上可接受的范围内有意义。为了讨论烧结初期的颈部生长问题,假定颈部尺寸远小于颗粒尺寸(图 4.1 中 $x/a < 0.2$),并且假定颈部中心与颈部表面之间的夹角 θ 远小于 1($\theta \ll 1$)。当物质从颗粒表面到达颈部时(图 4.1(a)),靠近颈部的颗粒表面必须由本来的圆形表面向内收缩。当这种称为颈部填底的现象发生时,会降低烧结的驱动力。

4.2.1　晶格扩散

当借助晶格扩散,从晶界向颈部输送原子时,其实际的效果相当于把颈部的空位通过晶格扩散运送到晶界上,然后在晶界上湮灭。晶界在烧结过程中的这种特殊作用,与 Nabarro—Herring 蠕变过程中晶界的作用相似。蠕变期间,原子从受压应力作用的晶界向受拉应力作用的另一晶界的运动,与空位沿相反方向的运动,二者效果是一样的。如果要发生原子从晶界到颈部表面的晶格扩散,则颈部区域必须承受拉应力,而晶界必须承受压应力。在这方面,可以合理地假设从颈部中心到颈部表面沿晶界存在着应力梯度,如 Exner 和 Bross 计算的那样。借助这种烧结机制,烧结过程中不仅发生颈部生长,而且还发生两个颗粒中心逐渐靠近的现象,即收缩,这是因为从颗粒的接触区域移除了物质。颈部生长和收缩动力学可以通过以下方式得出。

1. 颈部生长

根据 $\mathrm{d}V/\mathrm{d}t = JAV_m$ 和图 4.1(b) 中的几何图形，有

$$\frac{\pi x^3}{a}\frac{\mathrm{d}x}{\mathrm{d}t} = \frac{D_l}{RT}\nabla\sigma AV_m \approx \frac{D_l}{RT}\left(\frac{\gamma_s}{r}\frac{1}{x}\right)\frac{\pi x^3}{a}V_m$$

所以

$$x^4 = \frac{16D_l\gamma_s V_m a}{RT}t \tag{4.14}$$

2. 收缩

$$\frac{\Delta l}{l} = \frac{r}{a} = \frac{x^2}{4a^2} = \left(\frac{D_l\gamma_s V_m}{RTa^3}\right)^{1/2}t^{1/2} \tag{4.15}$$

式中，D_l 是晶格扩散系数；l 是样品尺寸。

通过晶格扩散，物质不仅可以从晶界到达颈部表面，而且还可以从颗粒表面到达颈部表面。但是，后者对收缩没有贡献(见 4.2.5 节)。

4.2.2　晶界扩散

从某种意义上来说，通过晶界扩散实现从晶界到颈部的物质传输过程，类似于通过晶界扩散的扩散蠕变(Coble 蠕变)过程。

1. 颈部生长

$$\frac{\mathrm{d}V}{\mathrm{d}t} = \frac{\pi x^3}{a}\frac{\mathrm{d}x}{\mathrm{d}t} = \frac{D_b}{RT}\frac{\gamma_s}{r}\frac{1}{x}2\pi x\delta_b V_m \tag{4.16}$$

所以

$$x^6 = \frac{48D_b\delta_b\gamma_s V_m a^2}{RT}t$$

2. 收缩

$$\frac{\Delta l}{l} = \frac{r}{a} = \left(\frac{3D_b\delta_b\gamma_s V_m}{4RTa^4}\right)^{1/3}t^{1/3} \tag{4.17}$$

式中，D_b 是晶界扩散系数；δ_b 是发生晶界扩散的扩散层厚度。

在这种情况下，通过晶界扩散传输到颈部表面的物质应该通过另一种机理被重新分配。与通过晶界扩散进行的物质传输相比，如果物质的重新分配不够快，则这种二次重新分配可能会成为颈部生长的控制因素(见习题 2.13)。

4.2.3　黏性流动

黏性流动机理由 Frenkel 首次提出，可用这种机理研究玻璃等黏性材料的烧结。如果材料符合牛顿流体行为，则颈部生长和收缩动力学表达如下。

1. 颈部生长

$$\dot{\varepsilon} = \frac{1}{h}\frac{dh}{dt} = \frac{1}{\eta}\Delta\sigma = \frac{1}{\eta}\frac{\gamma_s}{r}$$

$$dh = \frac{1}{\eta}\frac{h}{r}\gamma_s dt \approx \frac{1}{\eta}\gamma_s dt$$

$$h \approx \frac{x^2}{4a} = \frac{\gamma_s}{\eta}t$$

$$x^2 = \frac{4\gamma_s a}{\eta}t \qquad\qquad (4.18)$$

2. 收缩

$$\frac{\Delta l}{l_0} = \frac{h}{a} \approx \frac{\gamma_s}{\eta a}t \qquad\qquad (4.19)$$

式中,η 是材料的黏度;h 是一个颗粒进入另一个颗粒的渗透深度,近似为图 4.1(b) 中的 r。

4.2.4　表面扩散

表面扩散烧结是原子从球体表面到颈部表面的运动而发生的。在这种情况下,可以假定颈部表面上毛细压力产生的应力梯度,在曲率半径与颈部曲率半径相等的区域内一直存在(该假设与通过晶格扩散或晶界扩散的应力梯度的假设不同)。相反,当距离超过颈部曲率半径的作用范围时,便没有了应力梯度;并且,颈部生长受该区域内发生的原子表面扩散传质机制控制。通过这种机理进行的物质传输不会导致收缩。

颈部生长的计算式为

$$\frac{dV}{dt} = \frac{2\pi x^3}{a}\frac{dx}{dt} = JAV_m = \frac{D_s}{RT}\frac{\gamma_s}{r}\frac{1}{r}(2\pi x 2\delta_s)V_m$$

所以

$$x^7 = \frac{56 D_s \delta_s \gamma_s V_m a^3}{RT}t \qquad\qquad (4.20)$$

式中,D_s 是表面扩散系数;δ_s 是表面扩散的扩散厚度。

4.2.5　来自颗粒表面的晶格扩散

由于物质的来源是颗粒表面,因此即使通过晶格扩散发生颈部生长,也不会出现收缩。在与 4.2.4 节相同条件下,颈部生长的计算式为

$$\frac{dV}{dt} = \frac{2\pi x^3}{a}\frac{dx}{dt} = \frac{D_l}{RT}\nabla\sigma A V_m \approx \frac{D_l}{RT}\left(\frac{\gamma_s}{r}\frac{1}{r}\right)2\pi\frac{x^3}{a}V_m$$

所以

$$x^5 = \frac{20D_1\gamma_s V_m a^2}{RT} t \tag{4.21}$$

4.2.6　蒸发／凝聚

在这种机理中,原子从球体表面蒸发,蒸发后的原子又在颈部区域凝聚。当蒸发区域与凝聚区域之间的距离小于气体原子的平均自由程时,蒸发／凝聚机理是气相传输的主要机理。当距离远大于平均自由程时,除非界面处的气体原子反应比气体扩散慢,否则气体扩散成为主要机理,而不是蒸发／凝聚。气体原子的平均自由程 λ 与系统中的总气压成反比,因为 λ 可以表示为 $\lambda = (\sqrt{2}\pi d^2 n)^{-1}$,其中 n 是每单位体积的原子数,d 是原子直径。在以气相传输为机制的实际烧结系统中,还必然发生从颗粒表面到炉壁的物质传输。气相传输可以被认为是烧结过程中的物质传输机制,而不是烧结机制。

由于物质的蒸发或凝聚过程基本上是由表面原子的反应控制的过程,因此通过蒸发／凝聚机理进行烧结的动力学,也取决于原子的蒸发或凝聚。由朗缪尔方程(气体吸附方程)导出了蒸发／凝聚机理的颈部生长动力学。朗缪尔方程表明,颈部的生长行为是受原子的凝聚机制控制的。

根据朗缪尔吸附方程,每单位面积和每单位时间沉积的物质的量(重量)表示为

$$m = \alpha \Delta p \left(\frac{M}{2\pi RT}\right)^{1/2} \tag{4.22}$$

式中,α 为黏附系数;M 是材料的摩尔质量。

如果沉积的原子没有再次蒸发,则 α 等于 1。因此

$$\frac{dx}{dt} = \frac{m}{d} = \left(p_\infty \frac{\gamma_s}{r}\frac{V_m}{RT}\right)\left(\frac{M}{2\pi RT}\right)^{1/2}/d \tag{4.23}$$

式中,d 是材料密度,$d = M/V_m$。

然后有

$$x^3 = \sqrt{\frac{18}{\pi}} \frac{p_\infty \gamma_s}{d^2}\left(\frac{M}{RT}\right)^{3/2} at \tag{4.24}$$

4.2.7　气体扩散

当气体扩散比界面反应慢时,颈部的生长情况受气体原子从颗粒表面到颈部表面的扩散控制。如果气体组分的浓度梯度从颈部表面延伸到颈部曲率半径的距离,如在表面扩散的情况下(4.2.4 节),颈部生长可以计算如下:

$$A \frac{\mathrm{d}x}{\mathrm{d}t} = AD_g \nabla CV_m = AD_g \frac{\nabla p}{RT} V_m \approx AD_g \frac{\Delta p}{RTr} V_m$$

$$\frac{\mathrm{d}x}{\mathrm{d}t} = D_g \frac{V_m}{(RT)^2} \frac{\gamma_s}{r^2} p_\infty V_m$$

所以

$$x^5 = 20 p_\infty D_g \gamma_s \left(\frac{V_m}{RT}\right)^2 a^2 t \tag{4.25}$$

式中，D_g 是气体原子的扩散率；p 是固体的蒸气压。

气体扩散率表示为 $D_g = \frac{\lambda \bar{c}}{3}$，其中 λ 是气体原子的平均自由程，$\bar{c}$ 是平均速率。由于 $\bar{c} = (8RT/\pi M)^{1/2}$，其中 M 为摩尔质量，因此 D_g 与系统中的总气压成反比。

4.3　烧结图

如 4.1.2 节所述，根据发生接触的颗粒的表面曲率，在颗粒上同时作用有体积毛细管压力、体积空位浓度和蒸气压等几种烧结驱动力，各自发挥烧结作用。因此在烧结过程中会发生由这些差异引起的同时且独立的物质传输。但是，往往只有某一种机制起主导作用，这取决于所涉及的系统、烧结条件和烧结程度等因素。

Ashby 根据各种烧结机制（表 4.1）开发了一个烧结图。在没有晶粒长大的假设下，Ashby 烧结图确定了各种实验条件下的主导烧结机理，并显示了由所有机理共同作用而产生的烧结速率（例如，图 4.3 所示为半径为 38 μm 的纯银球团聚体的烧结图）。（但是，晶粒不长大的假设在实际烧结中可能是不合理的，特别是在烧结中期和后期。）在图 4.3 中，各主导机制区域之间的分界线表示实验条件，在该条件下两种不同机理对烧结（颈部生长）的贡献相同。在 Ashby 烧结图中，烧结分为 3 个阶段：第 0 阶段，在烧结刚开始时颗粒之间发生黏附；第 1 阶段，烧结驱动力随颈部的生长而降低；第 2 和第 3 阶段，驱动力随颈部的生长而增加（球形气孔阶段）。颈部生长率 $(\mathrm{d}x/\mathrm{d}t)_t$：在第 1 阶段中表示为 $(\mathrm{d}x/\mathrm{d}t)_t = \sum_{i=1}^{6}(\mathrm{d}x/\mathrm{d}t)_i$（对于晶态颗粒，不包括黏性流动机制）；在第 2 阶段中表示为 $(\mathrm{d}x/\mathrm{d}t)_t = (\mathrm{d}x/\mathrm{d}t)_1 + (\mathrm{d}x/\mathrm{d}t)_2$，其中 $(\mathrm{d}x/\mathrm{d}t)_i$ 中的 i 代表表 4.1 中的第 i 种物质传输机理。但是，对于给定的实验条件和颈部尺寸，颈部生长受一种烧结机理的控制。例如，当在 $0.8T_m$ 的温度下烧结半径为 38 μm 的球形银颗粒时（图 4.3），在最开始的颗粒黏附之后，按时间顺序，颈部生长依次通过表面扩散、晶界扩散和晶格扩散发生。烧结图不仅描绘了各种实验条件下的主导机制,而且还描绘了烧结动力学。图 4.3 中的等时线显示了在各种温度下烧结一段时间后测量的颈部尺寸。

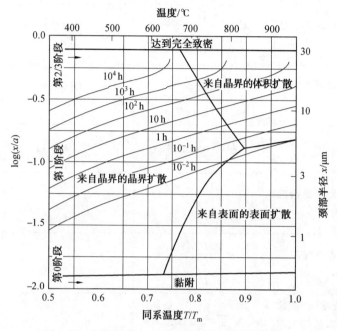

图 4.3　半径为 38 μm 的纯银球团聚体的烧结图

4.4　烧结参数对烧结动力学的影响

烧结速率(致密化速率)随着颗粒尺寸的减小以及烧结温度和时间的增加而增加,如图 4.4 所示。这可以用 4.2 节中推导的动力学方程定量解释,见表 4.2。

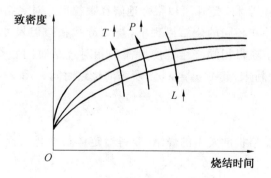

图 4.4　烧结参数对致密化的影响

表 4.2　烧结初期各种烧结机理的动力学方程总结

烧结机理	颈部生长	收缩	指数 α
1. 从晶界到颈部的晶格扩散	$x^4 = \dfrac{16 D_1 \gamma_s V_m a}{RT} t$ $\equiv C_1 D_1 a t$	$\dfrac{\Delta l}{l} = \left(\dfrac{D_1 \gamma_s V_m}{RTa^3} \right)^{1/2} t^{1/2}$	3
2. 从晶界到颈部的晶界扩散	$x^6 = \dfrac{48 D_b \delta_b \gamma_s V_m a^2}{RT} t$ $\equiv C_b D_b \delta_b a^2 t$	$\dfrac{\Delta l}{l} = \left(\dfrac{3 D_b \delta_b \gamma_s V_m}{4 RT a^4} \right)^{1/3} t^{1/3}$	4
3. 黏性流动	$x^2 = \dfrac{4 \gamma_s a}{\eta} t \equiv C_{vf} \dfrac{1}{\eta} a t$	$\dfrac{\Delta l}{l} = \dfrac{3 \gamma_s}{8 \eta a} t$	1
4. 从颗粒表面到颈部的表面扩散	$x^7 = \dfrac{56 D_s \delta_s \gamma_s V_m a^3}{RT} t$ $\equiv C_s D_s \delta_s a^3 t$		4
5. 从颗粒表面到颈部的晶格扩散	$x^5 = \dfrac{20 D_1 \gamma_s V_m a^2}{RT} t$ $\equiv C_1' D_1 a^2 t$		3
6.1 气相传输(从颗粒表面到颈部的蒸发/凝聚)	$x^3 = \sqrt{\dfrac{18}{\pi}} \dfrac{p_\infty \gamma_s}{d^2} \left(\dfrac{M}{RT} \right)^{\frac{3}{2}} a t$ $\equiv C_{e/c} p_\infty a t$		2
6.2 气相传输(从颗粒表面到颈部的气体扩散)	$x^5 = 20 p_\infty D_g \gamma_s \left(\dfrac{V_m}{RT} \right)^2 a^2 t$ $\equiv C_g p_\infty D_g a^2 t$		3

4.4.1　颗粒尺寸

用 Herring(亨利)定律可以很好地解释颗粒尺寸对烧结行为的影响。在相同的实验条件和相同的烧结机理下,烧结形状相似但尺寸不同的粉末时,亨利定律预测了获得相同烧结程度所需的相对烧结时间。烧结半径分别为 a_1 和 a_2 的两种粉末,其中 $a_2 = \lambda a_1$,所需的烧结时间 t_2 和 t_1 有如下关系:

$$t_2 = (\lambda)^\alpha t_1 \tag{4.26}$$

式中,α 是指数。

对于通过晶格扩散发生的烧结,获得给定体积变化所需的烧结时间 t 表示为

$$t = \frac{V}{JAV_m} = \frac{L^3}{[(D_l/RT)(2\gamma_s/L)(1/L)]L^2 V_m} \propto L^3 \tag{4.27}$$

式中, L 是长度。

因此, 对于晶格扩散, $\alpha = 3$。这意味着对于不同尺寸的粉末, 获得相同烧结程度所需的时间与 $(\lambda)^3$ 成正比。

亨利定律中的指数 α 也可以从表 4.2 中的烧结方程推导出来, 而无须遵循亨利的推导。烧结方程式可以表示为如下一般形式:

$$\left(\frac{x}{a}\right)^n = F(T) a^{m-n} t \tag{4.28}$$

为了将不同尺寸的粉末压坯烧结至给定的烧结程度(即 $x/a = $ 常数), $a^{m-n} t$ 必须是常数, 因此 $\alpha = n - m$。每种烧结机理的 α 值见表 4.2。

亨利定律适用的基本假设是, 不同粉末在烧结过程中保持相同的烧结机制, 并且显微组织演变为相似的形状。实际上, 在粉末压坯烧结中通常不能满足形状相似的假设, 因为晶粒长大机制通常与致密化机制不同(见 11.5 节)。尽管如此, 亨利定律非常简单地证明了在相同烧结机制下, 颗粒尺寸对烧结压坯显微组织变化的影响。

4.4.2 温度

温度的影响也可以由表 4.2 中的公式进行预测。由于烧结是热激活过程, 因此对温度敏感的变量有扩散率、黏度等, 它们可表示为温度的指数函数。因此, $\ln t$ 开始时与 $1/T$ 成正比, 其中 t 是获得给定烧结程度的烧结时间。但是, 对于不同的烧结机理, 确切的关系是不同的。对于符合 $(x/a)^n \propto (D_l/T) a^{m-n} t$ 规律的晶格扩散, $\ln(t/T)$ 与 $1/T$ 成正比且斜率为 Q_l/R, 其中 Q_l 是晶格扩散的激活能, R 是气体常数(见 11.6 节)。

4.4.3 压力

表 4.2 中的方程是基于曲率差引起的毛细管压差作为烧结驱动力的系统而推导的。当施加外部压力 P_{appl} 时, 总烧结压力 P_t 需要改写为毛细管压力和外部压力之和, 即

$$P_t = \frac{\gamma_s}{r} + P_{appl} f(\rho, geo) \tag{4.29}$$

式中, $f(\rho, geo)$ 是致密度和颗粒几何形状的函数(见 5.6.1 节)。

因此, 施加外部压力的系统的烧结方程, 与没有外部压力的系统的烧结

方程不同。然而,致密化速率总是随着烧结压力的增加而增加(图 4.4)。在压力辅助烧结中可以使用多种技术,如气压烧结、热压烧结和热等静压烧结(见 5.6 节)。

4.4.4　化学成分

在扩散控制的烧结中,由于原子扩散率和原子迁移率随空位浓度的增加而增加,因此可以通过增加空位浓度来增强烧结动力学。对于离子化合物,空位浓度随掺杂剂的添加变化很大(见 13.1 节)。

4.5　初期烧结理论的实用性和局限性

所有的烧结方程都是基于如下假设导出的,即在原子"源"和原子"汇"的任何地方都保持有毛细管压力下的原子的局部平衡(这个假设是可以接受的)。180°的二面角也是可以接受的假设,因为二面角只影响动力学方程中的数值常数,而不影响烧结参数(式(4.7))。

尽管烧结方程是使用简单的双颗粒模型导出的,但它们能够显示烧结参数和各种物理参数对烧结动力学的影响。换句话说,它们揭示了烧结过程中的工艺参数是什么以及它们怎样影响烧结的。此外,通过对比动力学方程,还可以评估在给定实验条件下各种烧结机理的相对贡献。在 Ashby 的烧结图中强调了相对贡献的评估。

在早期的烧结研究中,许多研究试图通过测量颈部生长和收缩动力学来从实验角度确定烧结机理。但是,由于固有的问题,许多此类研究被误解。在实验设定的条件下,有时两种或三种烧结机制同时起作用。因此,烧结方程中的指数 α 发生偏离,甚至可以测出一系列数值。另外,如表 4.2 所示,各种烧结机制对应的 α 值差别不大,α 值不可能通过实验精确确定。

以上分析表明,有些研究通过烧结实验测定了扩散系数。但是,由于固有的问题,在这些实验中确定的扩散系数可能不具有绝对意义,最多也仅能表示相关的扩散机理在所研究的实验条件下有效,不具有普遍意义。

第 5 章   烧结中期和后期

在实际情况下,当粉末压坯内的颗粒之间形成烧结颈时,气孔沿三个晶粒公用的棱边逐渐形成相互连接的通道。随着烧结的进行,一方面,因二面角远大于60°;另一方面,由于孔通道尺寸不均一以及尖锐表面的不稳定性,相互连通的孔的收缩也不均匀,所以连通的孔道逐渐断开并演变成孤立的闭气孔,与此同时晶粒发生长大。Coble 提出了两个简单的几何模型,用于解释烧结的中期和后期气孔的形状变化:连通孔道模型和孤立气孔模型。

5.1   中期模型

Coble 的中期烧结的显微组织几何模型为:十四面体晶粒呈现面心立方结构堆积,在所有晶粒棱边均有圆柱形的气孔,如图 5.1(a) 所示。该中期模型假设所有气孔在径向具有相同的收缩。尽管该模型在描述实际烧结方面有局限性,但它把复杂烧结行为进行了合理简化,从而实现了烧结变量对烧结动力学的影响的定量化研究。

如果忽略几何模型(图 5.1(a))中的边缘效应,那么可以假定:朝向圆柱形孔道的原子通量可以类比于一根直径等于晶界直径的电热丝发热向外发散的热通量。令 λ 为热导率,每单位长度的热通量为 $J_{\text{heat}} = -\lambda(\mathrm{d}T/\mathrm{d}x)$,其解为 $J_{\text{heat}} = 4\pi\lambda\Delta T$。同理,每单位长度的原子通量为 $J_{\text{atom}} = -(D/RT)(\mathrm{d}\sigma/\mathrm{d}x)$,其解为 $J_{\text{atom}} = 4\pi(D/RT)\Delta\sigma$。对于原子通量而言,两种产生原子通量的机制为晶格扩散和晶界扩散。

5.1.1   晶格扩散

由于孔收缩发生在晶粒的所有14个表面上,因此孔体积变化率 $\mathrm{d}V_{\text{p}}/\mathrm{d}t$ 表示为

$$\frac{\mathrm{d}V_{\text{p}}}{\mathrm{d}t} = \frac{-14}{2}2rJ_{\text{atom}}V_{\text{m}} = -14r4\pi\frac{D_{\text{l}}}{RT}\left(\frac{\gamma_{\text{s}}}{r}\right)V_{\text{m}} \tag{5.1}$$

因此,气孔变化率 $\mathrm{d}P_{\text{v}}/\mathrm{d}t$ 为

$$\frac{\mathrm{d}P_{\text{v}}}{\mathrm{d}t} = \frac{\mathrm{d}V_{\text{p}}}{\mathrm{d}t}\Big/8\sqrt{2}\,l^3 = -\frac{\mathrm{d}\rho}{\mathrm{d}t} \tag{5.2}$$

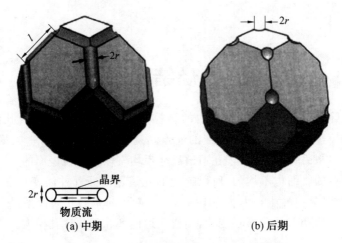

(a) 中期　　　　　　　　　　　　　(b) 后期

图 5.1　中期和后期烧结的 Coble 几何模型

式中,P_v 是气孔率;l 是晶粒棱边的长度;ρ 是致密度。

$$\frac{\mathrm{d}\rho}{\mathrm{d}t} = \frac{7\pi D_l \gamma_s V_m}{\sqrt{2}\, l^3 RT} = \frac{336 D_l \gamma_s V_m}{RTG^3} \tag{5.3}$$

式中,G 是晶粒直径且满足 $(\pi/6)G^3 = 8\sqrt{2}\, l^3$。

　　如果在烧结过程中晶粒没有长大(即 $G =$ 常数),则式(5.3)的积分很简单。实际上,通常会发生晶粒长大,为了对式(5.3)进行积分(见 11.4 和 11.5 节),必须将晶粒尺寸表示为生长方程。

5.1.2　晶界扩散

　　具体推导过程与晶格扩散相似,最终得到如下结果:

$$\frac{\mathrm{d}V_p}{\mathrm{d}t} = -\frac{14}{2} 4\pi \frac{D_b}{RT} \frac{\gamma_s}{r} \delta_b V_m \tag{5.4}$$

式中,δ_b 是晶界扩散的扩散厚度。

　　因此,有

$$\frac{\mathrm{d}P_v}{\mathrm{d}t} = \frac{\mathrm{d}V_p}{\mathrm{d}t} / 8\sqrt{2}\, l^3 = -\frac{\mathrm{d}\rho}{\mathrm{d}t}$$

$$= -28\pi \frac{D_b \delta_b \gamma_s V_m}{RT} \frac{1}{8\sqrt{2}\, l^3} \frac{1}{\sqrt{P_v}} \sqrt{\frac{12\pi}{8\sqrt{2}\, l^2}}$$

$$= -854 \frac{D_b \delta_b \gamma_s V_m}{RTG^4} \left(\frac{1}{P_v}\right)^{1/2} \tag{5.5}$$

5.2 后期模型

作为烧结后期几何模型,Coble 选取了顶角处有半径为 r_1 的球形气孔的十四面体晶粒为模型,如图 5.1(b) 所示。该模型认为,球形气孔体积逐渐缩小的过程是原子从距离 r_2 向气孔表面的同心球扩散的过程。通过半径为 r 的任何同心球表面的原子通量 J_{total} 是恒定的,即

$$J_{total} = 常数 = -4\pi r^2 \frac{D_1}{RT} \frac{d\sigma}{dr} \tag{5.6}$$

因此,通过积分,有

$$J_{total} = 4\pi \frac{D_1}{RT} \Delta\sigma \frac{r_1 r_2}{r_2 - r_1} \tag{5.7}$$

如果 $r_1 \ll r_2$,则

$$\frac{d\rho}{dt} = -\frac{24}{4} J_{total} V_m / \frac{1}{6}\pi G^3 = \frac{228 D_1 \gamma_s V_m}{RTG^3} \tag{5.8}$$

式(5.8)表明致密化速率与晶粒尺寸的立方成反比。该结果与烧结初期的颈部生长及致密化收缩受颗粒尺寸的影响规律相比,两者是相同的。

到目前为止,Coble 模型已经成为解释和预测烧结后期致密化的标准。但是,在 Coble 模型中并未考虑晶界作为致密化的原子源这个因素,另外,Coble 的通量方程(式(5.7)在 $r_1 \ll r_2$ 时)对晶界到孔表面的物质通量做了不变性假定,而未考虑孔径对扩散通量的影响。这个假设显得生硬而不易被接受。

与 Coble 的同心球扩散模型不同,Herring 定律的概念可用于预测后期的烧结动力学。Herring 定律包含了孔的表面积对由晶界到孔的物质通量的影响[①]。采用该概念,Kang 和 Jung 不仅导出了体积扩散的致密化速率,而且还导出了晶界扩散的致密化速率。如先前的计算所示,由于认为从孔表面到晶界中心存在应力梯度,因此,可以假定该梯度存在于 $l/2$ 的距离范围内。然后,使用关系 $8\sqrt{2}\, l^3 = (\pi/6)G^3$ 获得式(5.9)(用于晶格扩散)和式(5.10)(用于晶界扩散)。

$$\frac{d\rho}{dt} = \frac{441 D_1 \gamma_s V_m}{RTG^3} (1-\rho)^{1/3} \tag{5.9}$$

---

① 该概念也可用于烧结中期。Coble 的中期模型还考虑了孔的表面积。实际上,除了数值常数外,基于两个模型导出的动力学方程是完全相同的。

$$\frac{\mathrm{d}\rho}{\mathrm{d}t} = \frac{735 D_\mathrm{b} \delta_\mathrm{b} \gamma_\mathrm{s} V_\mathrm{m}}{RTG^4} \qquad (5.10)$$

对于晶界扩散,式(5.10)中致密化速率对晶粒尺寸的依赖性,与初期模型中的相同。对于晶格扩散,式(5.9)中的尺寸依赖性与 Coble 模型的式(5.8)中的尺寸依赖性相同。但是,式(5.9)包含一个致密度项。

在烧结后期,致密化进程与有气孔存在条件下的晶粒长大相关,如第 11 章所述。图 5.2 所示为根据式(5.9)和式(5.10)计算出的粒径分别为 0.8 μm 和 4.0 μm 的 Al_2O_3 粉末压坯在 1 727 ℃ 烧结的致密化曲线,式(11.20)中晶粒长大的数值常数为 110。(在此,假定晶粒长大受表面扩散机制控制。当晶粒长大受另一种烧结机制控制时,必须使用相应的方程进行计算。在致密化过程中,晶粒长大机制也可能发生变化。随着致密化过程中孔径的明显减

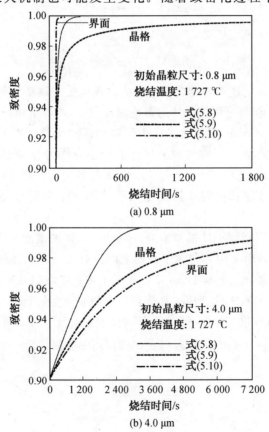

(a) 0.8 μm

(b) 4.0 μm

图 5.2　晶粒尺寸为 0.8 μm 和 4.0 μm 的 Al_2O_3 粉末压坯(致密度 90%)在 1 727 ℃ 烧结后期的计算致密化曲线

小,晶粒长大受晶界迁移率控制(晶界控制)而不是孔迁移控制(见 11.1~
11.3 节)。对于这样的烧结后期,为了更好地预测,必须用合适的方程代替式
(11.20)。)计算曲线表明,对于相同的粉末,致密化速率随粒径的增大和烧
结时间的增加而降低,与实验观察结果一致。然而,就致密化机制而言,对于
细粉(0.8 μm),晶界扩散的贡献大于晶格扩散的贡献,对于粗粉则相反。这
个结果与烧结机理的尺度效应一致;减小粉末粒径增强了晶界扩散和表面扩
散的相对贡献(相对于晶格扩散)。

　　图 5.3 绘制了初始致密度为 90% 粉末压坯,晶粒尺寸对 Al_2O_3 烧结后期
烧结图的影响。该图表明,对于普通商用 Al_2O_3 粉末适用的烧结温度,即同
系温度的 0.7~0.8 倍,致密化是通过晶界扩散发生的。对于任何种类的商用
粉末的烧结后期,该结论通常是正确的。在高温下,即使晶格扩散可以主导
致密化,但是随着烧结的进行,主导机理可能会转变为晶界扩散,如图 5.3 中
的曲线所示。该结果是由致密化使孔径减小所致。随着孔径的明显减小,晶
粒会明显长大(见 11.2 节)。当气孔沿着晶界具有足够的可移动性,且未被包
在晶内时,预计每个晶粒的气孔的数量不会明显变化,而应保持稳定状态。
随着致密化的进行,晶粒长大速率迅速增大,在一定条件下,尽管材料密度会
随烧结时间的延长而增加,但在烧结后期,延长烧结时间,孔径反而可能会增
加。之前对于 H_2 中烧结的 Al_2O_3 的显微组织进行过研究,结果印证了这一
观点。在烧结后期(在图 5.3 中,致密度超过 99%),起主导作用的烧结机制

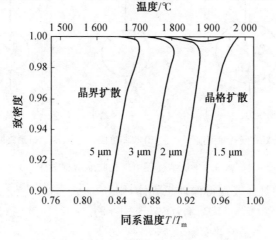

图 5.3　氧化铝在烧结后期的烧结图
(在计算开始时(90% 致密度),给出了不同大小晶粒对应的主导机理
(晶界扩散或晶格扩散)分区图)

从晶界扩散转为晶格扩散，这是因为随着晶粒的长大，剩余的气孔发生合并而导致气孔长大。但是，当晶粒长大速率较慢而不引起气孔长大时，起主导作用的烧结机理不会发生从晶界扩散到晶格扩散的转变，那么，最终的致密化将一直由晶界扩散决定。

5.3　滞留气体和致密化

　　烧结气氛强烈影响粉末压坯的最终致密化行为，因为气氛中的气体在烧结后期被滞留在孤立孔中。对于能够快速扩散的气体，完全致密化是可能的，但对于扩散缓慢的气体或惰性气体，除非施加较高的外部压力，否则完全致密化是不可能的。

　　Kang 和 Yoon 研究了各种实验条件下滞留的惰性气体对致密化的影响。他们计算了最终密度和致密化动力学作为初始气孔半径 r_i、表面能 γ_s、气孔聚集、二面角等的函数。图 5.4 显示了当惰性气体滞留在气孔中时，气孔收缩驱动力的变化。图 5.4(a) 显示了恰好在气孔封闭之前的情况；图 5.4(b) 显示了封闭孔的收缩阶段；图 5.4(c) 显示了没有进一步收缩的后期。当滞留气体的压力等于孔的毛细压力时，孔收缩停止，并且达到可获得的最大烧结密度（图 5.4(c)）。

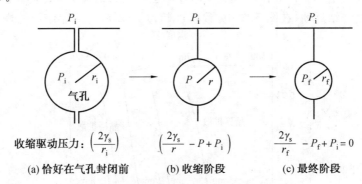

收缩驱动压力：$\left(\dfrac{2\gamma_s}{r_i}\right)$　　　　$\left(\dfrac{2\gamma_s}{r}-P+P_i\right)$　　　$\dfrac{2\gamma_s}{r_f}-P_f+P_i=0$

(a) 恰好在气孔封闭前　　　(b) 收缩阶段　　　(c) 最终阶段

图 5.4　烧结过程中气孔收缩示意图

如果滞留的气体表现得像理想气体，则

$$P_i[(r_i/r_f)^3-1]=2\gamma_s/r_f \tag{5.11}$$

式中，r_f 是闭气孔的最终半径。

　　使用式(5.11)，可以计算各种初始气孔尺寸下可获得的最大致密度，如图 5.5 所示。在计算中，假设在致密度为 93% 时发生单一尺寸球形孔的封闭。但是，图 5.5 也可以用来预测在任何致密度下，例如 $(1-\alpha)\%$，闭气孔可获得的最大致密度,如图5.5中右纵坐标所示。根据该计算,如果孔半径小于几微米,则在一个大气压下的传统烧结中,可以获得的最大致密度超过99.8%,并且滞留的惰性气体基本没有影响。另外,当初始气压高或初始孔径大时,可以获得的最大致密度明显降低。尽管图5.5是在假设烧结过程中没有发生气孔聚集的粉末压坯中获得的,但它同样也能用于预测气孔发生聚集的情况。当发生气孔聚结时,烧结密度降低(去致密化)。在 n 个孔合并的情况下,对横坐标按 $r_i n^{1/3}$ 缩放,即可估算气孔合并的影响。

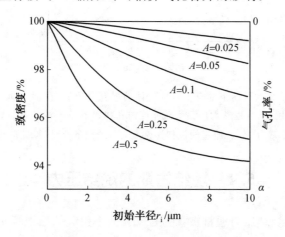

图 5.5　最大致密度与 r_i 的关系

(初始气孔率为 $\alpha\%$($A = P_i/2\gamma_s$ μm^{-1})。通过假设初始密度为理论值的
93%来缩放纵坐标)

　　闭气孔形成后,施加外部压力会增加烧结材料的密度。图5.6显示了在一个大气压的惰性气氛中,例如在两阶段烧结或热等静压烧结过程中,在孔封闭后,外部压力增加到 B 个大气压时计算的粉末压坯能达到的最大致密度。即使初始孔径高达几十微米,通过施加100个大气压量级的压力,也可基本实现完全致密化。该结果表明,如在热等静压中一样,施加几千个大气压的压力对提高烧结密度没有优势。相反,由于致密化速率增加,缩减了完全致密化所需的烧结时间,此外,致密化机制也可能随着外部压力的增加而改变(见第5.6节)。对于晶格扩散,由于致密化速率与烧结压力呈线性关系,因此致密化时间与烧结压力成反比。还可以预测气孔聚集在压力烧结中的影响(图5.6),类似于一个大气压气氛中无压烧结中的孔聚集的影响(图5.5)。

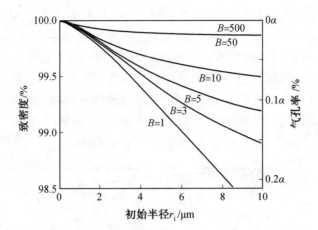

图 5.6　一个大气压下含有不溶性气体的气孔分离后,在 B 个大气压外部压力作用下,可以获得的最大致密度与孔初始半径 r_i 的关系
(初始气孔率为 $\alpha\%$。通过假设初始密度为理论值的 93% 来缩放纵坐标)

5.4　烧结后期的烧结压力

烧结后期的烧结压力通常被认为是气孔曲率引起的毛细管压力,即 $2\gamma_s/r$。但根据热力学定义,烧结压力是致密化过程中相对于总体积变化的总自由能的变化(类似于平衡两相系统中有效压力的概念(见 3.3 节)),Raj 计算出烧结压力 P_0 为

$$P_0 = \frac{2\gamma_b}{G} + \frac{2\gamma_s}{r} \tag{5.12}$$

式中,γ_b 是晶界能;G 是晶粒尺寸。

推导基于以下假设:

(1)每个晶粒的孔数量和类型的比率保持恒定;

(2)保持孔的准平衡形状;

(3)晶粒接近球形或等轴状。

式(5.12)似乎在热力学上是正确的。但是,它不同于毛细管压力方程

$$\Delta P = \frac{2\gamma_s}{r} \tag{5.13}$$

目前,对于实际烧结压力的算法似乎仍然存在歧义。但是,由于在烧结后期 $\gamma_s > \gamma_b$,$G \gg r$,烧结压力可用式(5.13)表示。

5.5　粉末堆积和致密化

大多数烧结模型考虑的是理想系统,即尺寸相同的颗粒被均匀地堆积在一起,气孔大小相同且分布均匀。因此,假定粉末压坯的致密化和收缩在整个压坯中是均匀地发生的。在实际粉末压坯中,颗粒的粒径不是单一的,并且气孔尺寸和分布是不均匀的。由于颗粒大小不均匀和孔的不均匀分布,会发生差异性烧结和致密化,并且颗粒可能会移动,这会导致生成比初始孔大的孔。在烧结初期,晶粒长大也会引起大孔的形成。因此,随着烧结的进行,可能会局部产生大孔,并且观察到开孔现象。这意味着颗粒的堆积和分布是决定真实粉末压坯烧结动力学的重要参数。在使用基板上铜颗粒的模型烧结实验中,Petzow 和 Exner 实验证明并理论分析了固相烧结过程中可能发生颗粒重排现象。根据实验结果,颈部周围颗粒排列不对称会导致颗粒重排。当颈部几何形状不对称时,从晶界到颈部的物质通量不均匀,更多的物质到达具有较小曲率半径的颈部区域。这种不均匀的物质通量,使得颗粒朝着较小曲率半径的方向倾斜。

在使用玻璃球进行的模型实验中,Liniger 和 Raj 展示了两种不同尺寸颗粒的二维填充效果。当玻璃球为单一尺寸时,六方密堆积的程度很高,但是在密堆积的区域之间仍然存在较大的缺陷。随着烧结的进行,大的缺陷变得更大。相反,当将两种不同尺寸的球体混合并烧结时,六方密堆积的程度低,但是没有形成大的缺陷并且致密化均匀。该结果表明,单一粒径的粉末不利于致密化,而更期望粉末具有适当的尺寸分布。因此,在实际的粉末处理中,应使用粒度分布窄的粉末来抑制大缺陷的形成。

由于压坯密度不均匀,也可能形成大缺陷。当使用细粉末的团聚体制备粉末压坯时,在压制过程中团聚体可能碎裂(软团聚)或保持不变(硬团聚)。如果团聚体没有完全碎裂,则压坯密度局部不均匀,并且由于烧结过程中差异致密化而难以实现完全致密化。当使用不同的粉末、晶须或片晶时,可能会发生类似的现象(见 5.7 节)。

当发生差异致密化时,背应力在压坯内积聚,并且会形成大的缺陷。例如,图 5.7 显示了在片状晶周围形成切向裂纹的情况。最重要的是,只要在粉末处理过程中形成了大的缺陷,在烧结过程中该缺陷就容易扩大。因此,为了实现完全致密化,必须避免在粉末处理过程中形成大的缺陷。

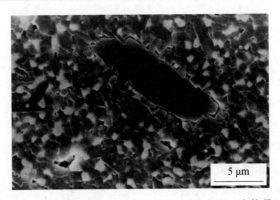

图 5.7　80 莫来石－10ZrO$_2$(TZ－3Y)－10Al$_2$O$_3$(片状晶)陶瓷中,Al$_2$O$_3$ 片状晶周围形成切向裂纹

(在空气中于 1 700 ℃烧结 1 h。深色大面积是 Al$_2$O$_3$ 片状晶,深色小晶粒是莫来石,明亮小晶粒是 ZrO$_2$)

5.6　压力辅助烧结

在外部压力作用下,粉末压坯致密化的驱动力会增加,而且致密化动力学增加。然而,晶粒长大与施加的外部压力并无关系。因此,在晶粒长大速率大于致密化速率的系统中,外部压力的影响更有效。由于通过外部压力可提高致密化速率,因此可以降低烧结温度并缩短烧结时间,从而进一步抑制晶粒长大。

有两种类型的压力可以应用:单向压力和等静压压力。前者以热压(HP)为代表,后者以热等静压(HIP)为代表。热压是用适度的压力(采用石墨模具时,该压力一般为 20～50 MPa)在高温下单向压制模具中的粉末压坯。粉末压坯的热等静压通常是将压坯封装在容器中,然后使用比热压压力更高的高压(可达 300 MPa)惰性气体加压。作为热等静压的一种变形,通常可在10 MPa 以下使用气压烧结(GPS)。气压烧结使高蒸气压材料(如 Si$_3$N$_4$)的烧结成为可能。在气压烧结中,通常进行两阶段烧结:孔封闭前的低压烧结和孔封闭后的高压烧结。

除烧结外,采用热等静压还可实现材料的完全致密化或修复烧结后残留的缺陷。实际上,该应用较其在纯烧结中应用更普遍。在此条件下,由于在烧结压坯中孔是封闭的,因此通常不需要包封。另外,如果对包含连通孔的压坯施加高压,则热等静压不能完全压实压坯,如图 5.8 所示,因为在孔封闭时容器中的高压气体被滞留在孔中。只有在表观气孔率(连通气孔率)为零的孔隔离后,才能通过热等静压达到完全致密化。同时,当由于孔/晶界发生分离而将孤立孔包裹在晶粒内部时,通过热等静压也不可能完全致密化,如图 5.8 中 1 450 ℃及更高温度烧结的样品所示。

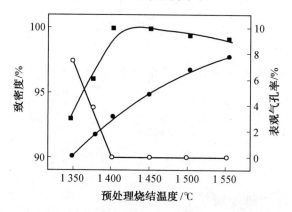

图 5.8　烧结温度对热等静压前的致密度(●)和表观气孔率(○)以及热等静压后的致密度(■)的影响

最近,人们开发出一种新的应用脉冲电场的热压烧结技术,即放电等离子烧结(SPS)或脉冲电流烧结(PECS)。实验装置与使用石墨模具和石墨压头的热压装置类似。但样品的加热是通过在脉冲直流电压(通常为几伏)下由脉冲电流(通常为几千安培)引起的电阻加热来实现的,加热速率高达数百 K/min。在放电等离子烧结中,致密化非常快,仅需要几分钟,而且在低于热压的温度下完成烧结,晶粒长大非常有限。放电等离子烧结技术已成功应用于许多材料体系,如 Al_2O_3、ZrO_2、Si_3N_4 和 MgB_2。然而,放电等离子烧结机理尚不清楚。

5.6.1　压力辅助烧结的驱动力

在外部压力作用下,致密化的驱动力由压力本身以及相对于颗粒横截面积的接触面积决定。在球形颗粒以简单立方方式堆积的压坯的热压初期,接触区域的有效压缩压力 P_1^* 表示为

$$P_1^* \approx \frac{4a^2}{\pi x^2} P_{appl} + \frac{\gamma_s}{r} \tag{5.14}$$

式中,a 是颗粒半径;x 是颈部半径;r 是颈部表面的曲率半径(图 4.1(b))。

在烧结后期,如果孔均匀地分布在压坯内,则有效压力 P_2^* 表示为

$$P_2^* \approx \frac{P_{appl}}{\rho} + \frac{2\gamma_s}{r} \tag{5.15}$$

式中，ρ 是压坯的致密度。

以上对于几何形状的假设，可类似地用于估算热等静压下的有效压力。假设在颗粒表面保持力的平衡，则初期的有效压力 P_1^* 可表示为

$$P_1^* \approx \frac{4\pi a^2}{\pi x^2 Z} P_{appl} + \frac{\gamma_s}{r} \tag{5.16}$$

式中，Z 是相邻晶粒的数量。

假设颗粒是随机堆积的，Arzt 等推导出 $\rho < 0.9$ 和 $\rho > 0.9$ 的压坯的有效压力分别为[①]

$$P_1^* \approx \frac{4\pi a^2}{\pi x^2 Z\rho} P_{appl} + \frac{\gamma_s}{r} \tag{5.17}$$

$$P_2^* \approx P_{appl} + \frac{2\gamma_s}{r} \tag{5.18}$$

5.6.2　压力辅助烧结的烧结机理

与无压烧结[②]一样，有几种致密化机理在热压烧结或热等静压烧结中起作用。除了晶格扩散和晶界扩散外，在无压烧结中不重要的塑性变形和蠕变，在压力辅助烧结中可能是主要机理。对于给定的系统，主要致密化机理可能随实验条件和压坯状况而变化，如温度、压力、颗粒尺寸和颈部尺寸。但是，压坯的总致密化速率是所有作用机理的致密化速率之和。

图 5.9 所示为一个热等静压图的示例，该图确定了各种实验条件下的主要致密化机制，并显示了在所有机制共同作用下产生的致密化速率。从图中可以看出，扩散通常是陶瓷致密化的主导机制，即使在外部压力很高的情况也是如此，而幂律蠕变是金属中的重要致密化机制。

1. 塑性变形

在 P_1^* 高的致密化早期，塑性屈服可能是主要的致密化机理。可以认为颗粒之间的塑性变形与在硬度测试过程中压头位置发生的塑性变形相同。然后，如果压痕应力 σ_i 满足屈服条件

$$\sigma_i \approx 3\sigma_Y \tag{5.19}$$

则发生塑性变形致密化。在此，σ_Y 是材料的屈服应力。当接触面积随塑性变形增加并且 P_1^* 小于 σ_i 时，塑性变形停止。如果外部静水压力过高，甚至在致密化的后期（$\rho \geqslant 0.9$）也发生塑性变形，则致密化可简化为厚球壳的瞬时塑性

---

① 这些方程适用于没有夹带气体和 $x \gg r$ 的情况。

② "无压烧结"指没有外部压力的大气压烧结。

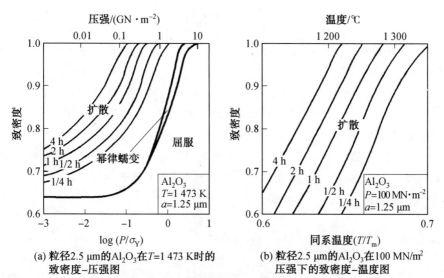

(a) 粒径2.5 μm的Al₂O₃在T=1 473 K时的
致密度–压强图

(b) 粒径2.5 μm的Al₂O₃在100 MN/m²
压强下的致密度–温度图

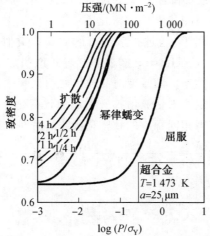

(c) 粒径50 μm的超合金在1 473 K时的致密度–压强图

图 5.9　热等静压图的示例

变形。在这种情况下,变形条件可表示为

$$P_2^* \geqslant \frac{2}{3}\sigma_Y \ln\left(\frac{1}{1-\rho}\right) \quad (\rho > 0.9) \tag{5.20}$$

2. 幂律蠕变

幂律蠕变也可能作为压力辅助烧结的主要致密化机理。在幂律蠕变致密化的早期阶段,如果认为蠕变与球形压头产生压痕过程中的蠕变相似,则致密化速率 $d\rho/dt$ 可以表示为

$$\frac{\mathrm{d}\rho}{\mathrm{d}t} = f(\rho,\mathrm{geo})\frac{x}{a}\dot{\varepsilon}_0\left(\frac{P_1^*}{3\sigma_0}\right)^n \qquad (5.21)$$

式中,ε_0、σ_0 和 n 是材料属性;$f(\rho,\mathrm{geo})$ 是压坯的初始密度和烧结密度以及颗粒几何形状的函数。

式(5.21)右侧圆括号中的常数 1/3 表示颗粒的几何排列类似于式(5.19)中颗粒的几何排列。当颗粒随机堆积时,P_1^* 表示为式(5.17)。式(5.21)中 n 的取值通常为 3~8。

对于热等静压下通过幂律蠕变机理进行的烧结后期致密化,可采用空心球模型(球形颗粒内含有孤立的球形气孔),$\mathrm{d}\rho/\mathrm{d}t$ 可以表示为

$$\frac{\mathrm{d}\rho}{\mathrm{d}t} = f(\rho)\dot{\varepsilon}_0\left(\frac{3}{2n}\frac{P_2^*}{\sigma_0}\right)^n \qquad (5.22)$$

式中,$f(\rho)$ 是 ρ 的复杂函数;P_2^* 表示为式(5.18)。

3. 扩散

原则上,通过塑性变形和幂律蠕变进行的致密化与颗粒(晶粒)尺寸无关。然而,对于扩散(晶格和晶界),致密化不仅取决于有效压力,还取决于晶粒尺寸。在外部压力作用下,通过扩散进行的致密化类似于扩散蠕变,包括晶格扩散引起的 Nabarro-Herring 蠕变和晶界扩散引起的 Coble 蠕变。致密化对晶粒尺寸的依赖性与扩散蠕变对晶粒尺寸的依赖性相同。

可以通过推导比例定律来估算由扩散引起的致密化速率(见 4.4.1 节)。例如,对于晶格扩散,获得相同程度的致密化所需的时间 t 表示为

$$t = \frac{V}{JAV_m} = \frac{L^3}{(D_l/RT)(1/L)(P^*)L^2 V_m} \qquad (5.23)$$

因此,致密化速率 $\mathrm{d}\rho/\mathrm{d}t$ 表示为

$$\frac{\mathrm{d}\rho}{\mathrm{d}t} \propto \frac{1}{t} \propto \frac{D_l V_m P^*}{RTa^2} \qquad (5.24)$$

式中,a 是晶粒半径;P^* 是由式(5.17)和(5.18)表示的有效压力。

同样,对于晶界扩散有

$$\frac{\mathrm{d}\rho}{\mathrm{d}t} \propto \frac{D_b \delta_b V_m P^*}{RTa^3} \qquad (5.25)$$

式(5.24)和式(5.25)中的晶粒尺寸指数(比例定律中的指数 α)比无压烧结中的晶粒尺寸指数小 1,晶格扩散和晶界扩散的 α 分别为 2 和 3,而不是无压烧结中的 3 和 4。当两种扩散机理的贡献都很大时,致密化速率表示为式(5.24)和式(5.25)之和,即

$$\frac{\mathrm{d}\rho}{\mathrm{d}t} = f(\rho,\mathrm{geo})\frac{(D_b\delta_b + rD_l)V_m}{RTa^3}P^* \qquad (5.26)$$

式中，$f(\rho, \text{geo})$ 是关于压坯密度和晶粒几何形状的函数；r 是气孔的曲率半径。

但是，正如 Kang 和 Jung 所指出的，在致密化过程中，从晶界传输到气孔的物质，也应该受到气孔表面积的影响（见 5.2 节）。按照与 Kang 和 Jung 的相同步骤，对于图 5.1(b) 所示的几何形状，有可能计算出热等静压烧结后期的致密化速率。假设在晶界上存在应力梯度，如式(5.9)和式(5.10)的情况，并且晶界处的有效压力为 P_{appl}（式(5.18)），则对于晶格扩散和晶界扩散，分别获得

$$\frac{\mathrm{d}\rho}{\mathrm{d}t} = \frac{61 D_\mathrm{l} V_\mathrm{m} P_{\text{appl}}}{RTG^2} (1-\rho)^{2/3} \tag{5.27}$$

$$\frac{\mathrm{d}\rho}{\mathrm{d}t} = \frac{101 D_\mathrm{b} \delta_\mathrm{b} V_\mathrm{m} P_{\text{appl}}}{RTG^3} (1-\rho)^{1/3} \tag{5.28}$$

在这些表达式中，致密化速率对晶粒尺寸的依赖性与式(5.24)和式(5.25)中致密化速率对晶粒尺寸的依赖性相同。但是，式(5.27)和式(5.28)包含致密度项。

将式(5.27)、式(5.28)与式(5.9)、式(5.10)进行比较，可得出在某些条件下，由毛细管压力引起的致密化速率高于由外部施加的压力引起的致密化速率。该结果归因于气孔尺寸的减小和在外部压力之上毛细管压力随着气孔尺寸的减小而增加。因此，预期最终的致密化程度，总是由无压烧结动力学决定的。当然，在压力辅助烧结中的致密化速率是由毛细管压力（式(5.9)、式(5.10)）和外加压力（式(5.27)、式(5.28)）引起的致密化速率的总和。毛细管压力的贡献随着外部压力的降低而增加，同时，也随着致密化过程中孔径的减小而增加。

5.7　约束烧结

当发生差异烧结时，烧结被限制在晶界条件内。典型的例子是具有刚性夹杂物的复合材料的烧结、基底上薄膜的烧结以及不同叠层的共烧结。对刚性基底上的薄膜进行烧结时，薄膜上施加了横向约束，并且只允许薄膜在垂直方向上收缩。对于多孔多层的共烧结，另外还引入了层间翘曲的可能性。

约束烧结可以使用连续介质力学从宏观上很好地描述。如果粉末压坯是弹性各向同性和线性黏滞体，则本构方程写为

$$s_{ij} = 2 G_\mathrm{p} \dot{e}_{ij} \tag{5.29}$$

$$\sigma = K_\mathrm{p} (\dot{\varepsilon} - 3\dot{\varepsilon}_\mathrm{f}) \tag{5.30}$$

式中，$s_{ij}(i,j=x,y,z)$ 是剪切应力；G_p 是剪切黏度；e_{ij} 是剪切应变率，且 $\dot{e}_{ij}=\dot{\varepsilon}_{ij}-(1/3)\delta_{ij}\dot{\varepsilon}$（$\dot{\varepsilon}_{ij}$ 是应变率，δ_{ij} 是克罗内克函数，$\dot{\varepsilon}$ 是体积应变率）；σ 是平均（静水）应力；K_p 是体积黏度；$\dot{\varepsilon}_f$ 是自由应变速率。

基于线性弹性的概念有

$$K_p=\frac{E_p}{3(1-2\nu_p)} \tag{5.31}$$

$$G_p=\frac{E_p}{2(1+\nu_p)} \tag{5.32}$$

式中，E_p 是单轴黏度；ν_p 是黏性泊松比。

注意，E_p 是密度和晶粒尺寸的函数；而 ν_p 是密度的函数。

由式(5.29)~(5.32)有

$$\dot{\varepsilon}_x=\dot{\varepsilon}_f+E_p^{-1}[\sigma_x-\nu_p(\sigma_y+\sigma_z)] \tag{5.33a}$$

$$\dot{\varepsilon}_y=\dot{\varepsilon}_f+E_p^{-1}[\sigma_y-\nu_p(\sigma_x+\sigma_z)] \tag{5.33b}$$

$$\dot{\varepsilon}_z=\dot{\varepsilon}_f+E_p^{-1}[\sigma_z-\nu_p(\sigma_x+\sigma_y)] \tag{5.33c}$$

式中，$\dot{\varepsilon}_i(i=x,y,z)$ 是 i 方向上的单轴应变率；σ_i 是 i 方向的单轴应力。

对于自由烧结，其自由应变率 $\dot{\varepsilon}_f$ 由静水压烧结应力 σ_s 和体积黏度 K_p 决定，满足下式：

$$3\dot{\varepsilon}_f=\frac{\sigma_s}{K_p}=-\left(\frac{\dot{\rho}}{\rho}\right)_f \tag{5.34}$$

在这种情况下，致密化速率 $-\left(\dfrac{\dot{\rho}}{\rho}\right)_f$ 与自由应变速率直接相关。当在烧结体上施加法向应力时，致密化率由式(5.33)和式(5.34)表示为

$$-\frac{\dot{\rho}}{\rho}=\dot{\varepsilon}_x+\dot{\varepsilon}_y+\dot{\varepsilon}_z=\frac{\sigma_s+1/3(\sigma_x+\sigma_y+\sigma_z)}{K_p} \tag{5.35}$$

在施加明确定义的单轴压应力时，可通过测量径向和轴向致密化速率来确定用于烧结的连续介质力学描述的本构参数。或者，如果施加单轴拉应力（如在薄膜中），则可以在一个方向上停止收缩，而在另一个方向上继续收缩。该单轴拉伸力是单轴烧结应力的量度。在预测烧结应力和烧结黏度时，通常假定表面扩散很快，以便在烧结的中期和后期保持平衡的表面几何形状。烧结应力和烧结黏度仅取决于晶粒尺寸、致密度和初始晶粒排列。在这个问题上可获得一些模型和实验结果。

对于薄膜烧结，由刚性基体施加的横向约束仅允许在垂直于薄膜的方向（z 方向）上收缩。施加的约束会引起面内拉伸力，并且应力会加速 z 方向上的收缩。根据横向约束 $\dot{\varepsilon}_x=\dot{\varepsilon}_y=0$，$\sigma_z=0$，$\sigma_x=\sigma_y=\sigma$ 和式(5.33)中的单轴应

变率的表达式，z 方向的致密化率表示为

$$\dot{\varepsilon}_z = \left(\frac{1+\nu_p}{1-\nu_p}\right)\dot{\varepsilon}_f \tag{5.36}$$

式(5.36)通过黏性泊松比 ν_p 将约束膜的致密化速率 $\dot{\varepsilon}_z$ 与自由烧结体的致密化速率 $\dot{\varepsilon}_f$ 建立联系。然而，由于晶粒尺寸与薄膜厚度相当，因此薄膜厚度影响薄膜的黏度和烧结应力。致密化以及晶粒长大都可以被抑制。当几个多孔且具有烧结活性的多层一起烧制(共同烧制)时，层的致密化和翘曲二者都非常重要。通过使用本构烧结参数也可以很好地预测致密化和翘曲，该参数可以通过烧结块体材料来估计。但是，为了满足严格的尺寸要求，可以以刚性基体为模板使用牺牲模板法进行薄膜的共烧结，之后去除刚性基体。

习　　题

2.1　随着颗粒尺寸的减小，有哪些烧结机制变得越来越重要？为什么？

2.2　考虑两个相互接触的玻璃球，温度刚好在熔点以下。请绘制它们的形状变化示意图，并描述其动力学。假定玻璃球的烧结过程重力没有影响。

2.3　假设两个大小相同的球形气孔，含有惰性气体并在单晶内接触，如题 2.3 图所示。描述该晶体烧结过程中的显微组织变化及其过程。假设在烧结期间气孔体积不变，并且孔的平衡形状是球形。

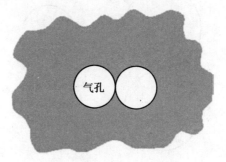

题 2.3 图

2.4　(1)解释固相烧结中的气孔理论，并描述将其应用于实际系统时应考虑的要点。

(2)描述蒸发/凝聚机理的比例定律。

2.5　通过蒸发/凝聚机制实现的烧结，控制烧结过程的最重要的因素有

哪些?

2.6 推导通过晶格扩散烧结的比例定律。在施加外部压力下($P_{appl} \gg 2\gamma/r$),应如何修改比例定律?

2.7 请画出示意图解释下列条件下致密化驱动力随致密度的变化:

(1)紧密堆积的单一尺寸颗粒;

(2)具有颗粒尺寸分布并因此在烧结过程中晶粒长大的粉末压坯。

2.8 描述烧结过程中接触的两种不同尺寸颗粒的形状变化。通过晶界扩散进行颗粒烧结的驱动压力是多少?

2.9 考虑一个双颗粒系统,其颈部生长通过气相传输发生。请解释以下情况烧结时间对温度的依赖性:

(1)气体扩散;

(2)蒸发/凝聚。

假设系统中的气体压力是在相应温度下材料的蒸气压。

2.10 考虑一个以气相传输为主的烧结系统。详细解释真空烧结过程中以蒸发/凝聚机制为主导的颈部长大速率($\mathrm{d}x/\mathrm{d}t$)随烧结温度的变化关系。对于相同温度和相同时间段($\log x$ 对 $\log P_{Ar}$),请画示意图解释颈部半径随外部氩气压力(从 0 到几千个大气压)的变化关系。

2.11 考虑三个分离的晶态颗粒,如题 2.11 图所示。如果物质通过气相传输,请画示意图解释形状随烧结时间的变化关系。假设所有蒸发的材料都在颗粒之间传输,并且颗粒 A 和 B 之间的距离很小。

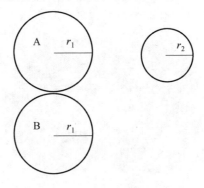

题 2.11 图

2.12 在烧结初期的双颗粒模型中,颈部生长表示为 $(x/a)^n = F(T)a^{m-n}t$ (式(4.28)),其中 x 是颈部半径,a 是颗粒半径。对于 $(x/a) < 0.2$,该式通常是可接受的。随着 (x/a) 的值增加到 0.2 以上,指数 n 会变小还是变大?请说明。

2.13　在通过晶界扩散进行的烧结中,需要通过晶格扩散或表面扩散进行物质重新分配。请粗略计算晶界扩散烧结的表面扩散控制极限。(参考文献:Exner, H. E. , Neck shape and limiting GBD/SD ratios in solid state sintering, Acta Metall. , 35, 587-91, 1987.)

2.14　在使用铜丝绕制的铜线轴进行的烧结实验中,Alexander 和 Balluffi 得到的结果如题 2.14 图所示。解释为什么在不同温度下烧结的样品之间的气孔面积变化会不相同。

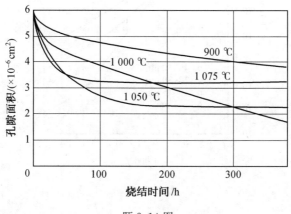

题 2.14 图

2.15　根据 Cu 板上 Cu 球的烧结实验,Kuczynski 得出了 Cu 的扩散率数据,如题 2.15 图所示。图中某些数据点偏离直线的原因是什么?注意,对于不同尺寸的球体,在不同温度下开始出现偏差。

2.16　在 800 ℃烧结两个 Cu−10％In(10％为质量分数)合金球。解释烧结过程中可能发生的显微组织变化。In 在 Cu 中的溶解度极限约为 14％(质量分数),Cu 和 In 的熔点分别为 1 083 ℃和 155 ℃。

2.17　如果两个颗粒之间颈部区域的毛细管压力会引起该区域的塑性变形,则毛细管压力必须大于屈服强度。通过毛细管压力产生位错,需要提供什么条件(方程式)?讨论在实际系统中由毛细管压力产生位错的可能性。

2.18　解释随着惰性气体静水压力 P 的变化,多孔粉末压坯的烧结动力学可能的变化。假设烧结是通过晶格扩散发生的。

2.19　假设一个粉末压坯,在烧结初期颈部生长通过晶格扩散以及表面扩散实现。根据颗粒尺寸和烧结时间,讨论两种机理的相对重要性。

2.20　烧结半径为 15 μm 玻璃球,经 627 ℃/200 min 和 677 ℃/10 min 烧结后,收缩率为 5％。试计算玻璃的黏度和烧结的激活能。玻璃的表面能

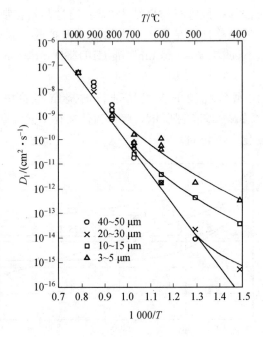

题 2.15 图

为 0.3 J/m²。

2.21　已知粒度为 1 μm 的粉末压坯,可在 1 600 ℃ 1 h 内完成烧结。假设致密化是通过晶格扩散实现的(激活能 500 kJ/mol),请绘制 1 h 烧结所需的烧结温度与粉末尺寸的关系图。假设晶粒长大忽略不计。

2.22　烧结速率与获得恒定变化所需的时间成反比。已知氧化物 MO 通过晶格扩散和晶界扩散烧结,致密化速率分别为 (Rate)$_l$ $\propto$ ($D_l\gamma_s V_m$)/(RTG^3) 和 (Rate)$_b$ $\propto$ ($D_b\delta_b\gamma_s V_m$)/(RTG^4)。假定 $D_l^M > D_l^O$ 和 ($D_b\delta_b$)^O > ($D_b\delta_b$)^M,请确定颗粒尺寸从非常小到非常大变化的氧化物粉末的主导烧结机制。

2.23　使用参考文献[27]中的适当数据,构建 Cu 在以下实验条件下的烧结图。

(1)log a 与 1/T 的烧结图,显示在 10^{-6} ~ 10^{-3} m 的颗粒尺寸和 600 ~ 1 300 K 的温度范围内收缩 5% 的主导烧结机理区域。

(2)log(x/a) 对 T/T_m 的烧结图,显示尺寸为 10^{-3} m 的颗粒的主导烧结机理区域和恒定时间的轮廓。

2.24　对于一个给定的理想紧密堆积的单一尺寸粉末压坯,为了解释给定时刻的致密化速率,工程师假定致密化的驱动力为该时刻的粉末压坯和完全致密的粉末压坯之间的总界面能之差。在忽略晶粒长大的条件下,这种假设可以接受吗? 请解释。

2.25　试解释为什么由双颗粒模型导出的收缩方程不适用于预测具有粒径分布的真实粉末压坯的收缩。

2.26　在烧结后期,粉末压坯的致密化是通过晶格扩散和晶界扩散发生的。随着烧结时间的延长,哪种机理对致密化更为重要? 有可能从气孔理论中得到答案吗? 假设忽略晶粒长大。

2.27　根据 Coble 的烧结后期模型,晶格扩散引起的孔体积变化率 dV_p/dt 表示为

$$\frac{dV_p}{dt} = -\frac{144D_1V_m}{RTG^3}\left(\frac{r_1r_2}{r_2-r_1}\right)\frac{2\gamma_s}{r_1}$$

式中,r_1 是孔半径;r_2 是有效扩散距离。假设 $r_2 \gg r_1$,推导在 1 000 个大气压的外加压力下 dV_p/dt 的方程。

2.28　如果粉末压坯在烧结过程中发生的晶粒长大满足立方律,即 $G^3 = Kt$,那么在 Coble 的烧结后期模型中,致密化速率对烧结时间的依赖性 $d\rho/dt$ 如何?

2.29　请推导式(5.9)和式(5.10)。

2.30　题 2.30 图给出了氧化物在氧气和氩气中烧结时的致密化曲线。

(1)假设在不同的烧结气氛下晶粒尺寸没有差异,试解释在两种不同的气氛下,直至烧结时间 t_1 期间内,两种烧结体密度相似的可能原因。

(2)在 t_2 时,是否期望氧气和氩气中烧结的样品之间的晶粒尺寸有所不同? 请说明。

(3)在 t_2 和 t_3 之间,氧气中烧结的样品的密度基本没有变化,可能原因是什么?

(4)能否定量计算氩气中烧结的样品的去致密化?

(5)解释获得完全致密烧结体的可能方法。

2.31　假设 γ_s 恒定,对于闭气孔内含有不溶性气体的压坯,致密化速率随二面角的变化关系是什么?

2.32　Kang 和 Yoon 计算了含有不溶气体的未聚集的封闭气孔的粉末压坯的最大可达密度,如图 5.5 所示。假设每个晶粒内含有的气孔数量是恒定的,请定量解释如何使用该图去预测晶粒长大 S 倍的同一压坯的最大可达密度。

2.33　请通过采用特定的系统(例如,由立方晶粒和每个具有二面角 ϕ 的晶界处的孔组成的系统)来证明式(5.12)。

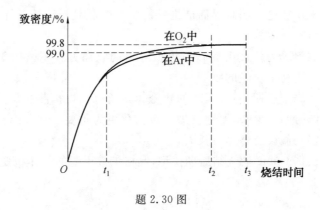

题 2.30 图

2.34　假如粉末压坯由两种不同密度 ρ_h 和 $\rho_l(\rho_h > \rho_l)$ 的团聚体组成。如果这些团聚体的相对致密化速率 $(\mathrm{d}\rho/\mathrm{d}t)/\rho$ 相同,随着烧结的进行将会发生什么? 讨论在实际烧结中是否满足该假设。

2.35　在热压过程中从晶界到颈部的物质扩散传输与多晶材料中发生的扩散蠕变相似。

(1)粉末压坯在 T_1 温度的热压烧结过程中,据报道致密化是通过 Nabarro－Herring 蠕变发生的。如果提高热压温度,粉末压坯是否可能通过 Coble 蠕变实现致密化?

(2)对于热压,请分别推导以晶界扩散机制和晶格扩散机制为主导的致密化速率与晶粒尺寸的关系式。

(3)请用示意图描述热压烧结过程中的表观致密化速率对 Al_2O_3 晶粒尺寸的依赖性。假设晶界扩散和晶格扩散均起作用。

2.36　推导式(5.27)和式(5.28)。

2.37　请讨论压力辅助烧结和无压烧结过程中颗粒形状对致密化的影响。

2.38　请描述能增强高蒸气压氮化物烧结的可能技术,并说明这些技术为何起作用。

2.39　请解释如何测量薄膜中的烧结压力。

参 考 文 献

［1］ Kuczynski, G. C. , Self-diffusion in sintering of metallic particles, Metall.
Trans. AIME, 185, 169-78, 1949.

［2］ Koblenz, W. S. , Dynys, J. M. , Cannon, R. M. and Coble, R. L. , Initial
stage solid state sintering models. A critical analysis and assessment, in
Sintering Processes, Mater. Sci. Res. , Vol. 13, Plenum Press, New
York, 141-57, 1980.

［3］ Shewmon, P. G. , Diffusion in Solids (2nd edition), TMS, Warrendale, PA,
84-86, 1989.

［4］ Frenkel, J. , Viscous flow of crystalline bodies under the action of
surface tension, J. Phys. (USSR), 9, 385-91, 1945.

［5］ Kingery, W. D. and Berg, M. , Study of the initial stages of sintering solids by
viscous flow, evaporation-condensation and self-diffusion, J. Appl.
Phys. , 26, 1205-12, 1955.

［6］ Balluffi, R. W. and Seigle, L. L. , Effect of grain boundaries upon pore
formation and dimensional changes during diffusion, Acta Metall. , 3,
170-77, 1955.

［7］ Alexander, B. H. and Balluffi, R. W. , The mechanism of sintering of
copper, Acta Metall. , 5, 666-77, 1957.

［8］ Kuczynski, G. C. , Matsumura, G. and Cullity, B. D. , Segregation in
homogeneous alloys during sintering, Acta Metall. , 8, 209-15, 1960.

［9］ Brett, J. and Seigle, L. L. , The role of diffusion versus plastic flow in
the sintering model compacts, Acta Metall. , 14, 575-82, 1966.

［10］ Sheehan, J. E. , Lenel, F. V. and Ansell, G. S. , Investigation of the
early stages of sintering by transmission electron micrography, in
Sintering and Related Phenomena, G. C. Kuczynski (ed.), Plenum
Press, New York, 201-208, 1971.

［11］ Barrett, C. R. , Nix, W. D. and Tetelman, A. S. , The Principles of
Engineering Materials, Prentice-Hall, Englewood Cliffs, New Jersey,
240-46, 1973.

[12] Lenel, F. V. , The role of plastic deformation in sintering, presented at the 4th Int. Symp. on Science and Technology of Sintering, Tokyo, Japan, 4-6 Nov. , 1987, published in Sintering Key Papers, S. Sōmiya and Y. Moriyoshi (eds), Elsevier Applied Science, London, 543-64, 1990.

[13] Schatt, W. , Friedrich, E. and Wieters, K. -P. , Dislocation activated sintering, Rev. Powder Metall. Phys. Ceram. , 3, 1-111, 1984.

[14] Herring, C. , Surface tension as a motivation for sintering, in The Physics of Powder Metallurgy, W. E. Kingston (ed.), McGraw-Hill, New York, 143-79, 1951.

[15] Berrin, L. and Johnson, D. L. , Precise diffusion sintering models for initial shrinkage and neck growth, in Sintering and Related Phenomena, G. C. Kuczynski, N. A. Hooton and C. F. Gibbon (eds), Gordon and Breach, New York, 369-92, 1967.

[16] Johnson, D. L. , Impurity effects in the initial stage sintering of oxides, in Sintering and Related Phenomena, G. C. Kuczynski, N. A. Hooton and C. F. Gibbon (eds), Gordon and Breach, New York, 393-400, 1967.

[17] Exner, H. E. and Bross, P. , Material transport rate and stress distribution during grain boundary diffusion driven by surface tension, Acta Metall. , 27, 1007-12, 1979.

[18] Murr, L. E. , Interfacial Phenomena in Metals and Alloys, Addison-Wesley, London 187-226, 1975.

[19] Humphreys, F. J. and Hatherly, M. , Recrystallization and Related Annealing Phenomena, Pergamon, Oxford, 57-83, 1996.

[20] Howe, J. M. ,Interfaces in Materials, John Wiley & Sons, New York, 297-306, 1997.

[21] Sutton, A. P. and Balluffi, R. W. , Interfaces in Crystalline Materials, Clarendon Press, Oxford, 598-654, 1995.

[22] Choi, S. -Y. and Kang, S. -J. L. , Sintering kinetics by structural transition at grain boundaries in barium titanate, Acta Mater. , 52, 2937-43, 2004.

[23] Bross, P. and Exner, H. E. , Computer simulation of sintering processes, Acta Metall. , 27, 1013-20, 1979.

[24] Nabarro, F. R. N. , Deformation of crystals by the motion of sintering

ions, in Report of a Conference on the Strength of Solids, The Physical Society, London, 75-90, 1948.

[25] Herring, C., Diffusional viscosity of a polycrystalline solid, J. Appl. Phys., 21, 437-45, 1950.

[26] Coble, R. L., A model for boundary diffusion controlled creep in polycrystalline materials, J. Appl. Phys., 34, 1679-82, 1963.

[27] Ashby, M. F., A first report on sintering diagrams, Acta Metall., 22, 275-89, 1974.

[28] Swinkels, F. B. and Ashby, M. F., A second report on sintering diagrams, Acta Metall., 29, 259-81, 1981.

[29] Herring, C., Effect of change of scale on sintering phenomena, J. Appl. Phys., 21, 301-303, 1950.

[30] Nichols, F. A. and Mullins, W. W., Surface- (interface-) and volume-diffusion contributions to morphological changes driven by capillarity, Trans. AIME, 233, 1840-48, 1965.

[31] Noh, J.-W., Kim, S.-S. and Churn, K.-S., Collapse of interconnected open pores in solid state sintering of W-Ni, Metall. Trans. A., 23A, 2141-45, 1992.

[32] Coble, R. L., Sintering of crystalline solids. I. Intermediate and final state diffusion models, J. Appl. Phys., 32, 789-92, 1961.

[33] Coble, R. L. and Gupta, T. K., Intermediate stage sintering, in Sintering and Related Phenomena, G. C. Kuczynski, N. A. Hooton and C. F. Gibbon (eds), Gordon and Breach, New York, 423-44, 1967.

[34] Zhao, J. and Harmer, M. P., Sintering kinetics for a model final-stage microstructure: A study of Al_2O_3, Phil. Mag. Lett., 63, 7-14, 1991.

[35] Kang, S.-J. L. and Jung, Y.-I., Sintering kinetics at final stage sintering: model calculation and map construction, Acta Mater., 52, 4373-78, 2004.

[36] Brook, R. J., Fabrication principles for the production of ceramics with superior mechanical properties, Proc. Brit. Ceram. Soc., 32, 7-24, 1982.

[37] Thompson, A. M. and Harmer, M. P., Influence of atmosphere on the final-stage sintering kinetics of ultra-high-purity alumina, J. Am. Ceram. Soc., 76, 2248-56, 1993.

[38] Coble, R. L., Sintering alumina: effect of atmospheres, J. Am. Ceram.

Soc. , 45, 123-27, 1962.

[39] Paek, Y.-K. , Eun, K.-Y. and Kang, S.-J. L. , Effect of sintering atmosphere on densification of MgO doped Al_2O_3 , J. Am. Ceram. Soc. , 71, C380-82, 1988.

[40] Kang, S.-J. L. and Yoon, K. J. , Densification of ceramics containing entrapped gases, J. Eu. Ceram. Soc. , 5, 135-39, 1989.

[41] Yoon, K. J. and Kang, S.-J. L. , Densification of ceramics containing entrapped gases during pressure sintering, J. Eu. Ceram. Soc. , 6, 201-02, 1990.

[42] Raj, R. , Analysis of the sintering pressure, J. Am. Ceram. Soc. , 70, C210-11, 1987.

[43] Kang, S.-J. L. , Comment on analysis of the sintering pressure, J. Am. Ceram. Soc. , 76, 1902, 1993.

[44] Svoboda, J. , Riedel, H. and Zipse, H. , Equilibrium pore surfaces, sintering stresses and constitutive equations for the intermediate and late stage of sintering — I. Computation of equilibrium surfaces, Acta Metall. Mater. , 42, 435-43, 1994.

[45] Petzow, G. and Exner, H. E. , Particle rearrangement in solid state sintering, Z. Metallkd. , 67, 611-18, 1976.

[46] Liniger, E. and Raj, R. , Packing and sintering of two-dimensional structures made from bimodal particle size distributions, J. Am. Ceram. Soc. , 70, 843-49, 1987.

[47] Sudre, O. and Lange, F. F. , The effect of inclusions on densification: III, The desintering phenomenon, J. Am. Ceram. Soc. , 75, 3241-51, 1992.

[48] Lange, F. F. , De-sintering, a phenomenon concurrent with densification within powder compacts: a review, in Sintering Technology, R. M. German, G. L. Messing and R. G. Cornwall (eds), Marcel Dekker, New York, 1-12, 1996.

[49] Evans, A. G. , Structural reliability: A processing-dependent phenomenon, J. Am. Ceram. Soc. , 65, 127-37, 1982.

[50] Lange, F. F. and Metcalf, M. , Processing-related fracture origins: II, Agglomerate motion and cracklike internal surfaces caused by differential sintering, J. Am. Ceram. Soc. , 66, 398-406, 1983.

[51] De Jonghe, L. C. and Rahaman, M. N. , Sintering stress of homogeneous and heterogeneous powder compacts, Acta Metall. , 36, 223-29, 1988.

[52] Weiser, M. W. and DeJonghe, L. C. , Inclusion size and sintering of composite powders, J. Am. Ceram. Soc. , 71, C125-27, 1988.

[53] Park, S. Y. , unpublished micrograph, 1989.

[54] Kang, S.-J. L. , Greil, P. , Mitomo, M. and Moon, J.-H. , Elimination of large pores during gas-pressure sintering of β' sialon, J. Am. Ceram. Soc. , 72, 1166-69, 1989.

[55] Kwon, S.-T. , Kim, D.-Y. , Kang, T.-K. and Yoon, D. N. , Effect of sintering temperature on the densification of $Al_2 O_3$, J. Am. Ceram. Soc. , 70, C69-70, 1987.

[56] Dobedoe, R. S. , West, G. D. and Lewis, M. H. , Spark plasma sintering of ceramics, Bull. Eu. Ceram. Soc. , 1, 19-24, 2003.

[57] Coble, R. L. , Diffusion models for hot pressing with surface energy and pressure effects as driving forces, J. Appl. Phys. , 41, 4798-807, 1970.

[58] Arzt, E. , Ashby, M. F. and Eastering, K. E. , Practical applications of hot-isostatic pressing diagrams: four case studies, Metall. Trans. A, 14A, 211-21, 1983.

[59] Helle, A. S. , Eastering, K. E. and Ashby, M. F. , Hot-isostatic pressing diagrams: new developments, Acta Metall. , 33, 2163-74, 1985.

[60] Swinkels, F. B. , Wilkinson, D. S. , Arzt, E. and Ashby, M. F. , Mechanisms of hot-isostatic pressing, Acta Metall. , 31, 1829-40, 1983.

[61] Scherer, G. W. , Sintering inhomogeneous glasses—application to optical wave-guides, J. Non-Cryst. Solids, 34, 239-56, 1979.

[62] Bordia, R. K. and Scherer, G. W. , On constrained sintering — I. Constitutive model for a sintering body, Acta Metall. , 36, 2393-97, 1988.

[63] Bordia, R. K. and Scherer, G. W. , On constrained sintering — II. Comparison of constitutive models, Acta Metall. , 36, 2399-409, 1988.

[64] Rahaman, M. N. and De Jonghe, L. C. , Sintering of CdO under low applied stress, J. Am. Ceram. Soc. , 67, C205-207, 1984.

[65] Venkatachari, K. R. and Raj, R. , Shear deformation and densification of powder compacts, J. Am. Ceram. Soc. , 69, 499-506, 1986.

[66] Scherer, G. W. , Viscous sintering under a uniaxial load, J. Am.

Ceram. Soc. , 69, C206-207, 1986.

[67] Cheng, T. and Raj, R. , Measurement of the sintering pressure in ceramic films, J. Am. Ceram. Soc. , 71, 276-80, 1988.

[68] McMeeking, R. M. and Kuhn, L. T. , A diffusional creep law for powder compacts, Acta Metall. Mater. , 40, 961-69, 1992.

[69] Riedel, H. , Zipse, H. and Svoboda, J. , Equilibrium pore surfaces, sintering stresses and constitutive equations for the intermediate and late stages of sintering — II. Diffusional densification and creep, Acta Metall. Mater. , 42, 445-52, 1994.

[70] Rahaman, M. N. , De Jonghe, L. C. and Brook, R. J. , Effect of shear stress on sintering, J. Am. Ceram. Soc. , 69, 53-58, 1986.

[71] Zuo, R. , Aulbach, E. and Rödel, J. , Viscous Poisson's coefficient determined by discontinuous hot forging, J. Mater. Res. , 18, 2170-76, 2003.

[72] Zuo, R. , Aulbach, E. and Rödel, J. , Experimental determination of sintering stresses and sintering viscosities, Acta Mater. , 51, 4563-74, 2003.

[73] Bordia, R. K. and Raj, R. , Sintering behavior of ceramic films constrained by a rigid substrate, J. Am. Ceram. Soc. , 68, 287-92, 1985.

[74] Garino, T. J. and Bowen, H. K. , Kinetics of constrained film sintering, J. Am. Ceram. Soc. , 73, 251-57, 1990.

[75] Bang, J. and Lu, G.-Q. , Densification kinetics of glass films constrained on rigid substrates, J. Mat. Res. , 10, 1321-26, 1995.

[76] Stech, M. , Reynders, P. and Rödel, J. , Constrained film sintering of nanocrystalline TiO_2, J. Am. Ceram. Soc. , 83, 1889-96, 2000.

[77] Kanters, J. , Eisele, U. and Rödel, J. , Co-sintering simulation and experimentation: case study of nanocrystalline zirconia, J. Am. Ceram. Soc. , 84, 2757-63, 2001.

第三部分 晶粒长大

多晶材料的平均晶粒尺寸随着烧结时间的延长而增加,并且晶粒长大现象不仅在烧结中而且在其他材料工艺中都很重要。在现象学上,晶粒长大分为两种类型:正常晶粒长大和异常晶粒长大。正常晶粒长大的特征是相对晶粒尺寸分布随烧结时间延长单调不变,而异常晶粒长大是由于在细晶粒中形成一些特别大的晶粒,显示出双峰晶粒尺寸分布。从化学和显微组织的角度看,对晶粒长大的研究可以考虑几种情况:纯材料、在晶界处有杂质偏析的材料、有第二相颗粒的材料、化学不平衡的材料等。在此,将考虑完全致密的多晶材料中的晶粒长大行为及其理论基础。固相烧结的粉末压坯在致密化过程中的晶粒长大行为将在第 11 章中讨论。分散在液相或固体基质中的晶粒长大,即奥斯瓦尔德熟化将在第 15 章中讨论。

第 6 章 正常晶粒长大和第二相颗粒

6.1 正常晶粒长大

最好用化学纯单相系统解释多晶中的晶粒长大行为。然而,即使在这种情况下,晶界运动的动力学在不同晶界之间是不同的,这是因为晶界能随晶界取向而变化,而且晶界迁移速率可能不是恒定的。因此,即使在这种最简单的系统中,也不能严格地分析晶粒长大过程,尽管人们已经提出了许多理论。然而,对于晶粒长大的基本理解,基于晶界能恒定的假设而发展的经典理论是最有用的。

图 6.1 给出了单相多晶材料的典型显微组织。由图可见,其平均晶粒形状为六边形,但大多数晶界随周围晶粒的数量而发生弯曲。弯曲晶界两侧的原子在晶界上的压力不同。如果原子处于局部平衡,则压力差 ΔP 为 $2\gamma_b/R_0$,

其中 R_0 为晶界的曲率半径。由于平均尺寸晶粒的长大速率 $\overline{G}$ 一定与平均晶界迁移速率 $\overline{v}_b$ 成正比,所以

$$\frac{d\overline{G}}{dt} = \alpha\overline{v}_b = \alpha J\Omega = \alpha\frac{D_b^{\perp}}{kT}(\nabla P)\Omega = \alpha\frac{D_b^{\perp}}{RT}\frac{2\gamma_b}{\overline{R}_0}\frac{V_m}{\omega} \tag{6.1}$$

式中,α、J、Ω、$D_b^{\perp}$、ω 和 k 分别是比例常数、原子通量、原子体积、跨晶界的原子扩散系数、晶界厚度和玻尔兹曼常数(1.380 6 J/K)。

对于给定的平均晶粒尺寸和晶粒尺寸分布,因为平均曲率半径与平均晶粒尺寸成正比,所以式(6.1)可以改写为

$$\frac{d\overline{G}}{dt} = \frac{D_b^{\perp}2\gamma_b V_m}{\beta RT\overline{G}\omega} \tag{6.2}$$

式中,β 是包括 α 的常数。

从时间 t_0 到 t,由式(6.2)的积分得

$$\overline{G}_t^2 - \overline{G}_{t_0}^2 = \frac{4D_b^{\perp}\gamma_b V_m}{\beta RT\omega}t \tag{6.3}$$

因此,晶粒长大与烧结时间的平方根成正比。对于块状多晶材料,推导了式(6.3)的经典模型,但是对于具有二维晶粒的薄膜,动力学降低了一半,因为跨晶界的压差为 $\Delta P = \gamma_b/R_0$。

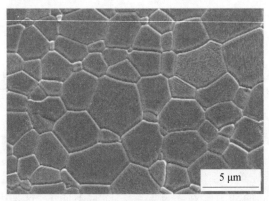

图 6.1　单相多晶材料(烧结氧化铝)的典型显微组织

经典理论以简单的方式解释了晶粒长大的复杂现象。假设驱动力仅由晶界的曲率半径决定,并且平均晶粒长大速率与平均晶界迁移速率成正比。只有在晶粒长大过程中晶粒形状和晶粒尺寸分布不变时,后一种假设才是合理的。在没有晶粒异常长大的实际显微组织中似乎可以满足该条件。随着烧结时间的延长,晶粒尺寸分布达到稳态,并且平均晶粒尺寸随烧结时间平方根($t^{1/2}$)的增加而增加。但是,理论上对这种现象的严格处理似乎尚未

完成。

晶粒长大过程中形状的动态变化可以用拓扑学来解释。图 6.2 示意性地给出了二维显微组织和重叠的大六边形阵列。随着晶粒长大到大六边形大小,外部棱边(晶界)继续存在,而内部棱边消失。该过程可以简单地解释晶粒长大过程中显微组织的总体变化。图 6.2 所示的显微组织中存在两种类型的二面角:一种由两个多边形(内)共享;另一种只由一个多边形(外)独享。将 h_i 和 h_o 表示为每种类型角的数量,并使用 3.2 节中的表达式,该显微组织中角的总数 C 表示为

$$C = \frac{\sum nP_n}{3} + \frac{1}{3}h_i + \frac{2}{3}h_o \tag{6.4}$$

由于 $E_b = h_i + h_o$,所以

$$E = \frac{\sum nP_n}{2} + \frac{h_i + h_o}{2} \tag{6.5}$$

因此,根据式(3.4),有

$$\sum (6-n)P_n + h_o - h_i = 6 \tag{6.6}$$

该方程表明在晶粒长大之后,大晶粒的分布是由小晶粒的原始团簇决定的。这也表明大晶粒的平均形状为六边形,这是由平均棱边数也为 6 的内部小晶粒消失所致。

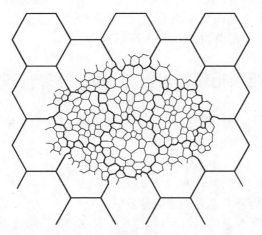

图 6.2　二维显微组织和重叠的大六边形阵列

在晶粒长大过程中,特定晶粒是缩小还是长大与相同大小的气泡因气体通过气泡壁扩散而发生体积变化的情况类似。为简化,仅考虑二维显微组织模型。晶粒的面积变化率 dA/dt 表示为

$$\frac{\mathrm{d}A}{\mathrm{d}t} = \frac{\pi M\gamma_b}{3}(n-6) \tag{6.7}$$

式中,A 是晶粒面积;M 是晶界迁移率;n 是晶粒的棱边数。

式(6.7)表明,晶粒尺寸的变化仅由棱边的数量决定。该方程还表明六边形晶粒的面积是不变的,并且除六边形之外的 n 边形的面积变化率与 $(n-6)$ 成正比。仅由原子在晶界上的扩散引起晶界的连续迁移时,该结果才是可以接受的。实际上,并非所有晶界迁移都是连续的,可能会发生不连续的迁移,例如小晶粒瞬间消失,并且棱边的数量突然改变。因此,式(6.7)只能提供晶粒长大动力学的有限解释。根据最近对二维显微组织的研究,当平均棱边数约为 4.5 时,晶粒变得不稳定并消失。然而,在块状多晶的二维横截面中,观察到许多三角形晶粒,并且这些三角形晶粒连续消失。这些观察结果表明,不能以简单的二维阵列显微组织来判断块状多晶的横截面显微组织。

对区域精炼的多晶的晶粒长大进行大量的实验研究发现,所报道的动力学数据很少满足动力学方程式(6.3),并且测得的指数通常大于 2。当晶粒尺寸大、样品中含有相当数量的杂质或烧结温度较低时,通常会出现晶粒长大测量中指数大于 2 的情况。理论与实验结果之间的差异可以归因于杂质对晶界的拖曳力(见第 7 章)(甚至在区域精炼的材料中)和晶界迁移的阈值驱动力。但是,阈值驱动力的存在需要澄清。根据对晶界结构影响的研究,小平面晶界的迁移需要临界驱动力(见 9.2 节)。另外,在具有第二相颗粒的系统中,显然存在晶界运动的最小驱动力,并且这种晶界迁移的第二相颗粒的晶界阻力称为齐纳(有时称为 Smith − Zener)效应。

6.2　　第二相颗粒对晶粒长大的影响:齐纳效应

如图 6.3 所示,当晶界处存在第二相颗粒时,这些颗粒会阻碍晶粒长大。图 6.3 中颗粒对晶界运动的阻力 F_d 为

$$F_d = \gamma_b\sin\theta \times 2\pi r\cos\theta = \pi r\gamma_b\sin 2\theta \tag{6.8}$$

因此,在 $\theta = 45°$ 时最大阻力 F_d^{max} 为 $\pi r\gamma_b$。在热力学上,晶粒长大阻力是因相界替代部分晶界而降低总界面能而导致的。

如果第二相颗粒是随机分布的,那么按照 Zener(齐纳)的建议,可以很容易计算出晶粒长大的最大阻力。假设第二相颗粒的半径为常数 r,其体积分数为 f_v,则附着在晶界单位面积上的颗粒数为

$$2rf_v \Big/ \frac{4}{3}\pi r^3 = \frac{3f_v}{2\pi r^2} \tag{6.9}$$

那么,每单位面积晶界上晶界迁移的最大阻力 F_d^a 为

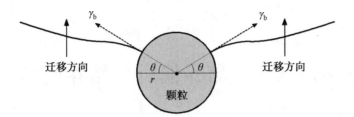

图 6.3　第二相颗粒对晶界迁移的拖曳:齐纳效应

$$F_{\mathrm{d}}^{a} = \frac{3 f_{\mathrm{v}} \gamma_{\mathrm{b}}}{2r} \tag{6.10}$$

1 mol 原子穿过晶界运动,即晶界迁移所需的功是

$$W = \frac{3 f_{\mathrm{v}} \gamma_{\mathrm{b}} V_{\mathrm{m}}}{2r} \tag{6.11}$$

因此

$$\frac{\mathrm{d}\overline{G}}{\mathrm{d}t} = \frac{D_{\mathrm{b}}^{\perp}}{RT} \frac{1}{\omega} \left(2\gamma_{\mathrm{b}} \frac{V_{\mathrm{m}}}{\beta \overline{G}} - \frac{3 f_{\mathrm{v}} \gamma_{\mathrm{b}} V_{\mathrm{m}}}{2r} \right) \tag{6.12}$$

式(6.12)表明,当括号项的值为零时,晶粒长大的驱动力消失。换句话说,存在极限晶粒尺寸 $\overline{G}_{\mathrm{l}}$,有

$$\overline{G}_{\mathrm{l}} = \frac{4r}{3 f_{\mathrm{v}} \beta}, \quad \overline{R}_{\mathrm{l}} = \frac{2r}{3 f_{\mathrm{v}} \beta} \tag{6.13}$$

式中, $\overline{R}_{\mathrm{l}}$ 是极限尺寸晶粒的半径。

当 β 为 1/2 时,式(6.13)是齐纳方程的原始方程。根据式(6.13),极限晶粒尺寸随着第二相颗粒体积分数的增加和尺寸的减小而减小。随着第二相颗粒尺寸的减小,极限晶粒尺寸减小,即晶界迁移阻力增大,在热力学上这是由于随着第二相颗粒尺寸的减小总晶界面积和总界面能量减小。

然而,以上计算夸大了第二相颗粒的晶界阻力。实际上,移动晶界前沿的颗粒不会阻碍晶界迁移,但会促使其向颗粒中线运动,而晶界后方的颗粒将其拖动到甚至超过其半径到迁移晶界的距离。考虑到这种现象,Louat 计算了极限晶粒尺寸,发现当晶粒与第二相颗粒半径之比小于 10^7 时, $\overline{G}_{\mathrm{l}}$ 的值大于式(6.13)的计算值。

在晶粒长大过程中,第二相颗粒也可能长大。根据式(6.23),极限晶粒尺寸随着第二相颗粒的长大而增加。对于通过晶格扩散进行的颗粒长大, $r \propto t^{1/3}$(见 15.2.1 节),对于通过晶界扩散进行的颗粒长大, $r \propto t^{1/4}$。在这些情况下, $\overline{G}_{\mathrm{l}}$ 的时间依赖性类似于颗粒长大的时间依赖性。实际上,由于晶粒长大过程中第二相颗粒随机分布的假设可能不成立,因此很难通过实验确定这种依赖性。

第7章　晶界偏析与晶界迁移

7.1　晶界溶质偏析

当溶质原子在晶界处的能量比在晶内低时,将在晶界处发生溶质偏析。考虑固溶 P 个溶质原子的 N 个晶格位点和在晶界上具有 p 个溶质原子的 n 个晶界原子位点。假设 E 为晶内溶质原子引起的能量增加,而 e 为晶界上溶质原子引起的能量增加,则由溶质原子引起的自由能增加 G 表示为

$$G = pe + PE - kT[\ln n! \ N! \ -\ln(n-p)! \ p! \ (N-P)! \ P! \ ]$$
(7.1)

使用平衡条件($dG/dP = 0$ 和 $dG/dp = 0$)和式(7.1)的斯特林公式(对于 $N \gg 1, \ln N! \ = N\ln N - N$),给出溶质原子的平衡分布方程为

$$\frac{p}{n-p} = \frac{P}{N-P} \exp\left(\frac{-(e-E)}{kT}\right)$$
(7.2)

假设 A 为溶剂原子,B 为溶质原子,X_A^b、X_B^b、X_A 和 X_B 分别为它们在晶界和晶内的摩尔分数,则式(7.2)表示为

$$\frac{X_B^b}{X_A^b} = \frac{X_B}{X_A} \exp\left(-\frac{\Delta E}{kT}\right)$$
(7.3)

式中,ΔE 是由晶界溶质偏析引起的自由能变化,$\Delta E = e - E$。

人们已经提出了多种晶界偏析模型和理论,其中最简单的是 McLean 模型,基本上是朗缪尔型表面吸附在晶界吸附中的应用,并且假定单一吸附剂在不受溶剂原子和溶质原子之间干扰的情况下(不存在点对点相互作用)单层偏析。无干扰的假设意味着对于任何位置,溶质偏析的可能性是相同的,类似于常规溶液模型的混合假设。McLean 认为主要驱动力是晶格畸变引起的晶格中溶质原子周围的弹性应变能。

体相中溶质原子产生的晶格畸变能 $W(E_1)$ 可以使用连续弹性理论来计算,即

$$W = \frac{24\pi K\mu r_0 r_1 (r_1 - r_0)^2}{3Kr_1 + 4\mu r_0}$$
(7.4)

式中,K 是溶质的体积模量;μ 是溶剂的剪切模量;r_0 和 r_1 分别是溶剂原子和

溶质原子的半径。

如果溶质原子是硬球,那么

$$W = \frac{4\pi Y r_0^3}{1 + \nu}\left(\frac{r_1 - r_0}{r_0}\right)^2 \tag{7.5}$$

式中,Y 是弹性模量;ν 是泊松比。

McLean 的由溶质原子引入的弹性应变能是偏析主要驱动力的提议过于简单,除非当溶剂原子和溶质原子之间的尺寸差异相当大时(例如,Cu 中的 Bi),否则是不合理的。基于最近邻键模型,Wynblatt 及其同事建议置换型固溶体中表面偏析的驱动力应包括表面能差和混合焓。根据这些作者的研究结果,溶质原子的偏析热 Δh 表示为

$$\Delta h = (\gamma_B - \gamma_A)\sigma_A + \frac{2\Delta h_m}{Z X_A X_B}\left[Z_l(X_B - X_B^b) + Z_v\left(X_B - \frac{1}{2}\right)\right] -$$

$$\frac{24\pi K \mu r_0 r_1 (r_0 - r_1)^2}{3K r_1 + 4\mu r_0} \tag{7.6}$$

式中,σ_A 是溶剂的原子面积;Δh_m 是每个原子的混合焓;Z 是最近邻原子数;Z_l 是原子的横向键数;Z_v 是原子的垂直键数。

式(7.6)右侧的前两项是使用键模型计算的表面偏析能的一部分。对于晶界偏析,可以采用类似的想法。式(7.6)假设对偏析焓的三个贡献基本不存在点对点的相互作用,也不存在相互依赖关系。尽管在实际系统中这些假设无法满足,但它们允许相对贡献的比较。

如果界面处的溶质偏析遵循常规溶液模型,则式(7.3)简化为

$$\frac{X_B^b}{X_A^b} = \frac{X_B}{X_A}\exp\left(\frac{-\Delta h}{kT}\right) \tag{7.7}$$

考虑到界面能差异,溶质偏析随着溶质相界面能的降低而增加,遵循式(7.6)和式(7.7)。由于表面能通常是晶界能的 2～3 倍,因此界面能差对表面的影响大于对晶界的影响。溶质偏析随着混合焓值的增加而增加,从而相图中互溶间隙有增加的趋势。式(7.6)中,偏析焓的三个贡献随相关系数而变化。但是,对于金属而言,弹性应变能贡献的变化通常最大。(对于离子化合物中的晶界偏析,见第 13 章)

到目前为止,一直假设偏析发生在遵循 McLean 模型的单原子层中。尽管对于稀溶液来说这个假设是可以接受的,但在多原子层上,特别是在浓溶液中,也可能发生偏析。多层吸附模型(也称 BET 模型)已经被建议作为浓溶液中偏析最简单和最有用的近似方法。

7.2　溶质偏析对晶界迁移的影响

当晶界迁移时，在晶界处偏析的溶质原子倾向于附着在为它们提供低能位置的晶界上。换句话说，溶质具有沿迁移晶界扩散的趋势，并且这种溶质扩散是对晶界运动的阻力。对于溶质原子的解离，会产生类似的拖曳效应。Cahn、Lücke 和 Stüwe 从理论上分析了晶界的溶质拖曳效应。要计算此阻力，必须找到迁移晶界周围的溶质分布。

使用质量平衡和连续性条件（式（7.8）和式（7.9）），Cahn 计算了稳态下（v_b ＝常数）溶质分布与距晶界距离的函数 $C(x)$，即

$$\frac{\partial C}{\partial t} = -v_b \frac{\partial C}{\partial x} \tag{7.8}$$

$$\frac{\partial C}{\partial t} = -\frac{\partial J}{\partial x} = -\nabla J \tag{7.9}$$

当溶质浓度低时，溶质原子的化学势 μ 表示为 $\mu = kT \ln C + E(x) + E_0$。在此，$E_0$ 是常数，$E(x)$ 是位于距晶界距离 x 处溶质原子的相互作用势。从晶界条件 $\mathrm{d}C/\mathrm{d}x = 0$、$\mathrm{d}E/\mathrm{d}x = 0$ 和在 $x = \infty$ 时 $C(\infty) = C_\infty$，x 处的溶质浓度 $C(x)$ 满足

$$D \frac{\partial C}{\partial x} + \frac{DC}{kT} \frac{\partial E}{\partial x} + v_b(C - C_\infty) = 0 \tag{7.10}$$

因为溶质原子的扩散通量 J 表示为 $J = -(DC/kT)(\mathrm{d}\mu/\mathrm{d}x)$。这里，$v_b$ 是晶界迁移速率，D 是溶质扩散系数，E 是在距晶界距离 x 处的相互作用势，C 是在 x 处的溶质浓度，C_∞ 是在距晶界无穷远处溶质的平均浓度，也就是晶粒中溶质的平均浓度。式（7.10）的解表明，晶界周围的溶质分布对于固定不动的晶界是对称的，而对于移动的晶界是不对称的。该解还表明，随着晶界迁移速率的增加，在晶界处偏析的溶质的浓度降低，温度升高也会降低偏析浓度。

偏析的溶质对晶界运动施加的阻力 F_b^d 表示为

$$F_b^d = -\int_{-\infty}^{\infty} n(x) \frac{\mathrm{d}E}{\mathrm{d}x} \mathrm{d}x = -N_v \int_{-\infty}^{\infty} [C(x) - C(\infty)] \frac{\mathrm{d}E}{\mathrm{d}x} \mathrm{d}x \tag{7.11}$$

式中，n 和 N_v 分别是每单位体积中溶质原子和溶剂原子的数量。

假设 $C(x)$ 满足式（7.10），则式（7.11）的一个近似解为

$$F_b^d = \frac{\alpha C_\infty v_b}{1 + \beta^2 v_b^2} \tag{7.12}$$

式中，α 是当 β 和 v_b 足够小以允许偏析的溶质原子沿晶界运动时，每单位浓度溶质和移动晶界每单位迁移速率的阻力；β 是溶质原子扩散一个单位距离所

需的时间,即漂移速率的倒数。

图 7.1 所示为高和低溶质浓度条件下界面阻力随界面迁移速率的变化。在 $v_b = 0$ 时曲线的斜率是 αC_∞,而在 $v_b = \beta^{-1}$ 时 F_b^d 有最大值。

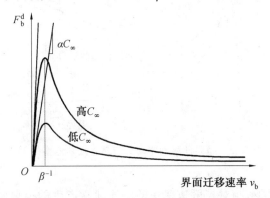

图 7.1　高和低溶质浓度条件下晶界阻力随界面迁移速率的变化

晶界迁移的总驱动力 F_b^t 是晶界阻力 F_b^d 和无溶质偏析的晶界迁移的力 F_b^o 之和。那么

$$F_b^t = F_b^o + F_b^d = \frac{v_b}{M_b^o} + \frac{\alpha C_\infty v_b}{1 + \beta^2 v_b^2} = v_b \left(\frac{1}{M_b^o} + \frac{\alpha C_\infty}{1 + \beta^2 v_b^2} \right) \tag{7.13}$$

式中,M_b^o 是没有偏析的界面迁移率。

图 7.2 显示了 F_b 与晶界迁移速率的关系。随着界面迁移的驱动力开始增加,由于杂质的阻力,具有溶质偏析的界面迁移速率比纯晶界的迁移速率要慢得多。然而,当驱动力大于临界值时,晶界迁移速率不连续地增加并且接近纯材料的晶界迁移速率。当驱动力过高而所有偏析的溶质都无法随着晶界一起运动时,就会导致晶界迁移速率不断地增加;相反,如果驱动力降低,溶质原子将再次偏析在晶界上,与驱动力增加时出现的现象相反。溶质发生再偏析的晶界迁移驱动力(临界钉扎驱动力)与从溶质脱离晶界偏析的晶界迁移驱动力(临界分离驱动力)显然是不相等的,后者大于前者。

对于图 7.2 所示的由低 F_b^t 和 / 或高溶质偏析导致的晶界低速迁移的范围内($v_b \ll \beta^{-1}$),界面迁移速率表示为

$$v_b = \frac{F_b^t}{(1/M_b^o) + \alpha C_\infty} \approx \frac{1}{\alpha C_\infty} F_b^t \tag{7.14}$$

式(7.14)表明 v_b 与 C_∞ 成反比。对于缓慢扩散和快速扩散的溶质元素,如果偏析程度相同,则缓慢扩散溶质的拖曳效应较高。另外,对于由高 F_b^t 和 / 或低溶质偏析导致的晶界高速迁移的范围内($v_b \gg \beta^{-1}$),晶界迁移速率表示为

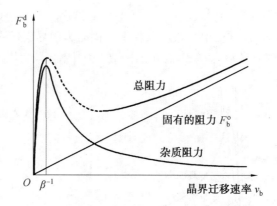

图 7.2　晶界迁移的驱动力与晶界迁移速率的关系

$$v_b \approx M_b^o F_b^t \tag{7.15}$$

　　在这种情况下,相对扩散速率快的溶质元素产生的拖曳效应更大。随着溶质浓度降低,溶质对晶界移动的拖曳效应减小,如图 7.1 所示,如果溶质浓度低于临界值,晶界迁移速率随着驱动力的变化而跳跃性变化的情况也将消失（图 7.2）。

　　溶质原子(或离子)对晶界迁移率的影响不仅与溶质浓度有关,而且还与溶质的迁移率有关。随着溶质原子迁移率降低,式(7.14) 中的 α 值增加。影响溶质迁移率的主要参数是尺寸和电荷失配。有实验结果表明电荷失配的作用更大一些。对于 Na、Mg 和 Al 掺杂的 LiF,测得式(7.14) 中 α 值为 $\alpha_{Al}/(7 \times 10^4) \geqslant \alpha_{Mg} \geqslant 5\alpha_{Na}$,表明少量掺杂 ppm 级($\times 10^{-6}$) 的异价溶质能明显影响晶界迁移率。但是,对于氧化物(尤其是具有高化学计量比的氧化物)的影响却远小于对 LiF 的影响。

　　如前所述,溶质偏析对晶界迁移的影响通常用溶质阻力来解释。此外,溶质偏析还会影响其他物理性质,如晶界能和各向异性。特别地,晶界能的各向异性决定了小平面晶界和粗糙晶界之间的晶界结构。根据先前和最近的研究,小平面晶界的迁移率随驱动力而变化,这与粗糙晶界的恒定迁移率不同(见 9.2 节和 15.4 节)。因此,添加掺杂剂引起的晶界结构变化的影响,有可能大于掺杂剂偏析引起的界面阻力的影响。似乎在许多情况下,两种贡献对晶界迁移的影响同时存在。在这方面,重新检查此前关于有无溶质偏析的晶界迁移率和晶粒长大的研究是值得的,特别是考虑到材料的界面结构。

第8章 化学不平衡条件下的界面迁移

8.1 一般现象

当多晶固体在高温下变得化学不稳定时,在合理的时间范围内发生平衡反应,并形成化学平衡的新固溶体。有时平衡反应不是通过常规晶格扩散发生的,而是伴随着晶界扩散和晶界迁移而发生的,从而在晶界迁移前的位置形成新的固溶体。这种现象称为"扩散诱导晶界迁移(DIGM)"或"化学诱导晶界迁移(CIGM)"。在固液两相系统中,晶粒之间液膜的迁移,称为"扩散诱导(或化学诱导)液膜迁移",或简称为"液膜迁移(LFM)"。对于晶界迁移和液膜迁移两种情况,均可使用"扩散诱导(或化学诱导)界面迁移(DIIM 或 CIIM)"一词。已经在许多系统中观察到 DIIM 现象,但是其在具有置换溶质元素的系统中最为常见。然而,最近还发现缺陷浓度的变化也会引起晶界迁移。图 8.1 是 DIGM 的典型显微组织,显示了晶界迁移前后的位置。发生了迁移的晶界,其原始位置可采用热蚀的方法显示出来。

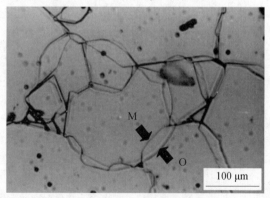

图 8.1 Al_2O_3 中扩散诱导的晶界迁移
(烧结的 Al_2O_3 多晶在含 Fe_2O_3 蒸气的空气中 1 600 ℃退火 2 h)
(标有"O"和"M"的箭头分别表示退火前后的晶界位置))

当溶质元素扩散到多晶体中或从多晶体中扩散出,且晶界或液膜为物质传输提供了快速路径时,通常会观察到 DIIM 现象。当溶质通过晶格扩散进入或离开体晶粒时,界面就会发生迁移。通常,界面面积随着界面的迁移而增加。因此,当 DIIM 的驱动力大于由迁移界面的曲率半径减小引起的能量增量时,就会发生界面迁移。与通常认为的通过晶格扩散形成固溶体,以及随之而来的溶质在界面上的对称分布不同,DIIM 涉及通过界面迁移和界面处的晶格扩散形成具有溶质原子分布不对称的新固溶体。

　　图 8.2 是添加溶质原子引起 DIIM 期间,跨过发生移动的界面两侧的溶质浓度分布示意图。发生迁移的区域中的溶质化学势与晶界处的溶质化学势基本相同。后退晶粒中发生移动的晶界前沿的溶质浓度与晶粒原表面相比急剧降低。对于以速率 v_b 迁移的晶界,宏观扩散方程的解表明,在发生迁移的界面前沿,存在厚度约为 D_1/v_b 的溶质扩散区。收缩时在晶粒表面形成的薄扩散层与块体共格。另外,当迁移层的厚度大于临界值时,迁移层与生长的晶粒不共格而形成失配位错,如图 8.3 中的例子所示。迁移层从共格到非共格的转变类似于析出过程中的析出物的转变。

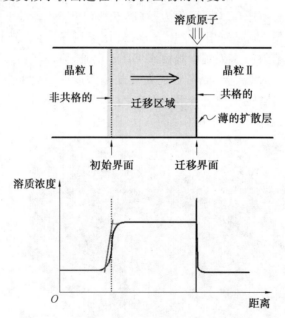

图 8.2　扩散诱导界面迁移过程中溶质浓度分布示意图

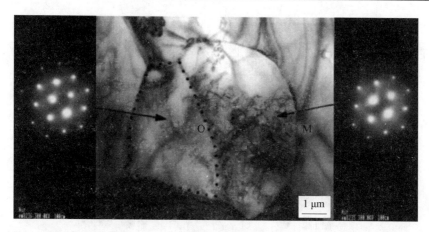

图 8.3 在 1 600 ℃ 和 95N₂ - 5H₂ 中燃烧并在 1 500 ℃ 空气中退火的 99Al₂O₃ - 1 Fe₂O₃（质量分数，%）样品中 DIGM 区域形成的失配位错的 TEM 照片（O 和 M 分别表示 DIG 之前和之后的晶界位置。衍射花样来自原始晶粒（左）和迁移区域（右）的 [0001] 晶带轴）

8.2 扩散诱导界面迁移（DIIM）的驱动力

20 世纪 70 年代，对 DIGM 和 LFM 观察之后，针对该现象的驱动力，提出了几种模型和机制。其中，Hillert 的共格应变模型得到 Yoon 等的一些关键实验证据的广泛支持。

图 8.4 是比溶剂原子更小或更大的溶质原子扩散引起的共格应变示意图。当溶质原子沿晶界（或液膜）运动并扩散进入晶粒内部时，将在晶粒表面形成一层与母相晶粒晶格参数不同的薄扩散层。当扩散层足够薄时，扩散层将与母晶粒共格，并且共格应变能存储在该层中。共格应变能 E_c 表示为

$$E_c = \frac{1}{2} Y \varepsilon^2 \tag{8.1}$$

式中，Y 是共格应变能系数；ε 是共格应变。

对于立方晶系，ε 是各向同性的，而与溶质元素无关，因为溶质原子是膨胀中心。但是，对于非立方晶系，ε 通常是各向异性的。另外，由于 Y 是材料弹性常数的组合，因此即使在立方晶系中，Y 也随着晶体学取向而变化。因此，对于所有晶系，存储在两个相邻晶粒表面上的薄扩散层中的共格应变能，最初彼此不同。Yoon 等提出，DIIM 的方向是从低应变能的晶粒向高应变能的晶粒。这一假设得到了一些单晶和双晶实验数据的支持。

如图 8.4（a）、图 8.4（b）所示，当溶质原子比溶剂原子更小（图 8.4（a））或

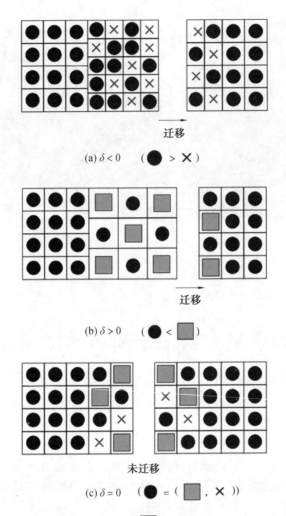

图 8.4　比溶剂原子(●)更小(×)或更大(■)的溶质原子扩散引起的共格应变示意图

更大(图 8.4(b))时,将有共格应变能存储在薄扩散层中。但是,当同时添加两种尺寸分别较小和较大的溶质时,新固溶体的晶格参数可以在两种溶质特定的添加比例下(图 8.4(c))与母相(晶格匹配)的晶格参数相等。在这种情况下,扩散层中没有储存应变能,因此预期不会发生 DIIM。新固溶体的形成仅通过晶格扩散发生,并且其速率比 DIIM 的速率小几个数量级。在 Mo—Ni—Co—Sn 系统中,晶格匹配的思想得到了实验证实,如图 8.5 所示。该实验结果同时也证明,DIIM 的驱动力不是混合的化学自由能,而是存储在薄扩散层中的共格应变能。在某些陶瓷系统中也得到了这种实验证实。

对于 DIGM,扩散层中的应变能也会随外部压力而变化。当向样品施加

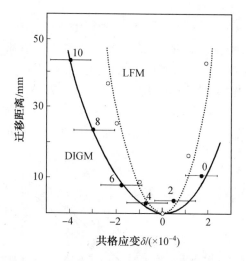

图 8.5　将 Mo—Ni 样品置入不同 Co/Sn 比值的 Mo—Ni—Co—
Sn 熔液,在 1 460 ℃进行 2 h 热处理,观察到 DIGM 和 LFM 平均
迁移距离随共格应变估值 δ 的变化

外部压力时,平行于压力的晶界处于压缩状态,而垂直于压力的晶界处于拉伸状态。因此,如果将压力施加到由压缩共格应变能导致 DIGM 的样品上,则平行于施加压力的共格层中的压缩应变能高于没有施加压力时的压缩应变能,而垂直于施加压力的层中的压缩应变能较低。这些应变能变化的结果,使得平行于和垂直于压缩方向的晶界迁移速率分别更快和更慢。DIGM 对外部压力的这种依赖性也支持了共格应变能是 DIIM 的驱动力的观点。

8.3　DIIM 的定量分析

当晶格参数不同的两相(块体或块体材料上的薄层),其界面满足共格条件时,两相将不可避免地发生弹性变形,因此产生共格应变能。界面处的这种共格问题是许多冶金和陶瓷工艺中的一个因素,如析出、调幅分解、薄膜生长、热处理和界面迁移。共格应变能按照式(8.1)随晶体取向而变化。Cahn 和 Hilliard 独立地导出了各向同性和立方晶系中的共格应变能方程。然而,通过 Eshelby 处理的相变应变问题,可以获得适用于任何晶系的共格应变能的一般方程。Hay、Lee 和 Kang 也推导了适用于所有晶系的一般方程。所有这三个方程给出的结果是相同的,并且它们中的任何一个都可用于共格应变能的计算。

对于 DIIM,存储在薄扩散共格层中的共格应变能表示为

$$E_c = \frac{1}{2}\left[C_{ijkl}\varepsilon_{kl}\varepsilon_{ij} - (\sigma_{1'1'}\varepsilon_{1'1'} + 2\sigma_{1'3'}\varepsilon_{1'3'} + 2\sigma_{1'2'}\varepsilon_{1'2'})\right] \tag{8.2}$$

式中,C_{ijkl} 是扩散层的弹性刚度;ε_{ij} 是由于形成新的固溶体而产生的弹性应变;$\sigma_{i'j'}$ 和 $\varepsilon_{i'j'}$ 分别是在垂直于扩散层表面方向上的松弛应力和应变。

图 8.6 是根据式(8.2)计算的 Fe_2O_3 溶质在菱方 Al_2O_3 溶解的共格应变能图(CSEM)。在此图中,最大共格应变能出现在六角坐标系的 $C(0001)$ 平面上,最小共格应变能出现在 $q(01\bar{1}2)$ 平面上。使用各种单晶和多晶进行一

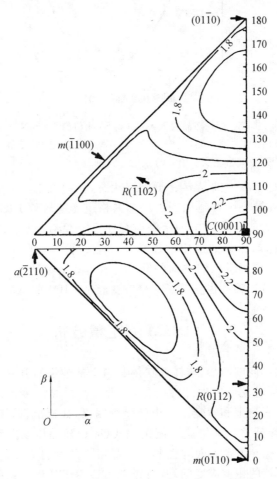

图 8.6 在共格扩散区中,Fe_2O_3 的摩尔分数为 5%($\varepsilon_c/\varepsilon_a = 0.94$)时,$Al_2O_3/Al_2O_3(Fe_2O_3)$的共格应变能图谱(MJ/m³)

(坐标轴代表所考虑的平面的法线方向与 $a(\bar{2}110)$平面(α)和 $m(0\bar{1}10)$平面(β)法线的夹角)

系列实验,研究表明,DIIM 的方向从低 E_c 的晶体指向高 E_c 的晶体,与 CSEM 计算预测结果一致。当两个晶体之间的 E_c 差异不明显时,将会观察到晶界呈锯齿形迁移。该结果可能暗示:在 E_c 差异不明显的情况下,原子的局部排列和扩散情况会对迁移方向产生影响。曲率随局部迁移的变化也可能在确定迁移晶界形状中起作用。

对于金属和陶瓷,DIGM 中测得的和估计的共格应变在 $10^{-5} \sim 10^{-3}$ 之间。然而,由于陶瓷的刚度通常高于金属,所以陶瓷通常具有比金属更高的共格应变能。在晶界迁移率已知的情况下,可以通过估计共格应变能来预测晶界迁移速率随溶质浓度的变化。但是,晶界迁移率通常不是常数,而是随晶界方向和界面类型(小平面或粗糙)而变化。最近的研究表明,在 $BaTiO_3$ 中如果发生从粗糙晶界到小平面晶界的结构转变,DIGM 将被抑制(见 9.2.1 节)。之所以发生这样的变化,是因为结构转变明显降低晶界迁移率。比较 LFM 与 DIGM,在相同的驱动力下,LFM 的迁移速率要高于 DIGM 的迁移速率。该结果可能表明:液膜的迁移率高于晶界的迁移率。测量的晶界迁移速率取决于系统、共格应变、温度等,但通常都在 $1 \sim 10\ \mu m/h$ 范围内。

当由 D_l / v_b 给出的前扩散区的厚度增加到不能保持共格时,扩散层变得与体相不共格(共格被破坏)。对于立方晶格,被破坏时的共格应变 $|\varepsilon_o|$ 表示为

$$|\varepsilon_o| = \frac{\boldsymbol{b} v_{bc}}{4\pi(1+\nu)D_l}\left(\ln\frac{D_l}{\boldsymbol{b}v_{bc}}+1\right) \tag{8.3}$$

式中,ν 是泊松比;$\boldsymbol{b}$ 是伯氏矢量;v_{bc} 是共格破坏的临界晶界速率。

当共格被破坏时,晶界不再迁移,新固溶体的形成仅能依赖从晶界到晶粒的晶格扩散。该过程比通过晶界迁移形成固溶体要慢几个数量级。从式(8.3)中可以看出,共格是否破坏,不仅取决于晶格扩散率,还取决于迁移速率,而迁移速率反过来又由共格应变能和晶界迁移率决定。

8.4 DIIM 的显微组织特征及其应用

在多晶材料中,DIGM 要么单向发生,要么以波纹状发生,并因此导致显微组织的变化,如图 8.1 和图 8.7 所示。在迁移过程中,有时会出现一些晶界小平面化(图 8.1 和图 8.7(a)),晶界小平面化与收缩晶粒中的晶界迁移速率的各向异性有关。在图 8.7(a)中发生收缩的晶粒 G,其小平面晶界上(A 到 a,B 到 $b(b')$,C 到 $c(c')$)观察到的相似性特征,可以作为共格应变能是 DIGM 主要驱动力的另一个实验证据。在迁移过程中还观察到逆迁移,这归

因于前扩散层的共格破坏。在这种情况下,晶界虽然仍处于其原始位置,但是已形成的新固溶体区域被保留在晶粒内,如图 8.7(c)所示。

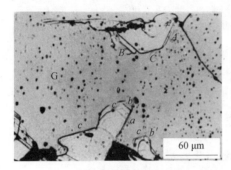

(a) 小平面晶界(Al₂O₃-Fe₂O₃)

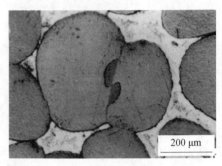

(b) Mo-Ni中的锯齿形迁移

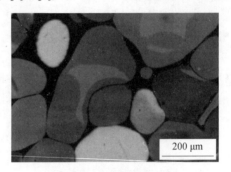

(c) Mo-Ni中液膜的逆迁移

图 8.7　DIIM 后的各种显微组织

当母相和新固溶体之间的浓度差较高时,就会发生扩散诱导的重结晶(DIR,也称为化学诱导的重结晶(CIR)),如图 8.8 所示。已经提出了几种在化学不平衡条件下重结晶的机制。在有关 TiC 和 Al₂O₃ 的一些最新研究中,揭示了类似于塑性变形材料重结晶过程的 DIR 现象,该过程涉及在新固溶体内部形成许多位错、多边形化和新的晶界。然而,观察到重结晶晶粒的生长,却是通过 DIGM 实现的。

DIGM 有时可以促进多晶材料的晶粒长大或异常晶粒长大。最近,Lee 等的研究表明,在化学成分局部不均匀的情况下,DIGM 促进了晶粒长大。在这种情况下,晶粒长大的驱动力被认为是 DIGM 的共格应变能和由晶粒的晶界曲率引起的毛细管能之和。图 8.9 显示了在 BaTiO₃(PbTiO₃)中估计的共格应变能与毛细管能随晶界曲率半径的变化。该图表明,除非晶界曲率半径小于十分之几微米,否则共格能起主导作用。由于曲率半径大于晶粒半径,

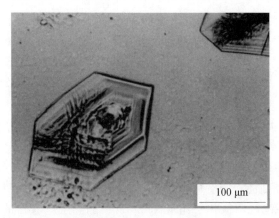

图 8.8　Al_2O_3 单晶中 Fe_2O_3 扩散诱导的重结晶

（六方晶粒是在（0001）Al_2O_3 单晶上的重结晶晶粒，在该图的右
上角还可以看到另一个重结晶的晶粒）

所以为了使毛细管能与共格应变能相当，晶粒尺寸必须小于曲率值。

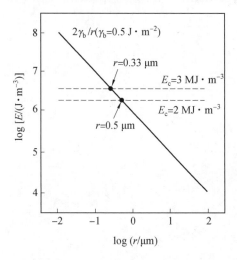

图 8.9　$BaTiO_3$ 晶粒表面的（$Ba_{0.8}Pb_{0.2}$）TiO_3 层中，毛细管能
（$2\gamma_b/r$，r 是平均晶界曲率半径）与计算的共格应变能的比较（假
定比晶界能为 0.5 J/m^2）

　　在混合粉末压坯的烧结过程中，合金化和烧结同时进行。由于材料的通
常烧结温度远低于其熔化温度，因此，可以通过 DIGM 而不是通过晶格扩散
来实现合金化。即使是粗粉，合金化也比预期快得多。当液相存在时，有时
合金化会导致核/壳结构的快速形成。Lee 等的结果表明，在烧结的早期阶

段，DIGM 可以使固体颗粒大量长大，从而抑制了致密化。这也表明为了防止大量的晶粒长大，必须使任何化学不均匀性最小化，从而改善混合粉末压坯的烧结性。

由于 DIIM 能极大地改变显微组织，因此可以预计，DIIM 对物理性能的影响是相当大的。一些最近的研究结果表明，DIIM 对 Al_2O_3 基、$Pb(Mg_{1/3}Nb_{2/3})O_3$ 基和 $SrTiO_3$ 基材料的力学性能和介电性能有明显影响。对于 $Al_2O_3(Fe_2O_3)$ 体系，表层的 DIGM 导致在迁移层中形成许多失配位错，晶界的凸凹不平使表面区域的断裂模式从沿晶断裂转变为穿晶断裂，并且明显改善了材料的循环性能。与 Al_2O_3 不同，抑制 DIGM 和 LFM 明显改善了由导电的 $SrTiO_3$ 晶粒之间氧化层组成的 $SrTiO_3$ 晶界层电容器的介电性能。提高介电性能的关键，是按照图 8.4(c) 所示的方案，通过抑制迁移，氧化介电层的厚度最小。以上两个例子可能是利用增强迁移和抑制迁移改善力学性能和介电性能的最典型的例子。然而，在现阶段，关于 DIIM 对物理性能影响的研究还非常有限，有关 DIIM 在其他系统中作用的研究也很值得期待。

第9章 异常晶粒长大

异常晶粒长大是显微组织粗化的类型之一,其特征是一些(或少数)大晶粒在生长速率非常慢的细晶粒的基体上快速生长。就显微组织而言,晶粒尺寸分布是双峰的,这与具有单峰分布的正常晶粒长大不同。但是,有时正常晶粒长大与异常晶粒长大之间并无明显区别。定义异常晶粒长大的动力学条件也是很困难的事情。通常认为发生异常晶粒长大的准则为

$$\frac{\mathrm{d}}{\mathrm{d}t}\left(\frac{G}{\bar{G}}\right) > 0 \tag{9.1}$$

式中,G 是某些特定晶粒的晶粒尺寸;$\bar{G}$ 是平均晶粒尺寸。

但是,该条件不足以定义异常晶粒长大,因为,实际上可能会发生大尺寸的异常晶粒彼此碰撞而导致其进一步生长受到限制的情况。另外,平均尺寸的含义也是模棱两可的,因为异常长大过程中,一般只有少数的大晶粒快速生长而其他细晶粒尺寸几乎保持不变。但是,总体而言,如果归一化晶粒尺寸分布不随退火时间变化,这种状态的生长可以定义为正常生长。相反,随着退火时间延长,如果归一化分布发生宽化,特别是逐渐形成双峰分布,这种长大模式则是异常晶粒长大的特征。

图 9.1 所示为异常晶粒长大的显微组织的示例。有几个晶粒的尺寸是细晶基体晶粒尺寸的数十倍至数百倍。这样的异常晶粒长大不仅能在单相系统中观察到,而且在多相系统中也经常观察到。对于没有液相的单相系统,异常晶粒长大的经典解释涉及第二相颗粒或溶质的不均匀分布。在不均匀分布的条件下,正常晶粒长大可能受到局部抑制,进而形成异常晶粒。细晶粒基体中存在的少量大晶粒,也是晶粒异常长大的原因。

但是,实际上有许多不同的例子,这些例子可以分为三种类型:

(1)含有第二相析出物或高浓度杂质的材料;

(2)具有高度各向异性界面能(例如,块体中的固/液界面能或晶界能和薄膜中的表面能)的材料;

(3)处于高度化学不平衡状态的材料。

无论如何,异常晶粒长大是局部界面迁移速率非常高的结果。对异常晶粒长大的基本了解才刚刚开始,现虽然已经进行了许多计算机模拟,但理论分析似乎还不完整。

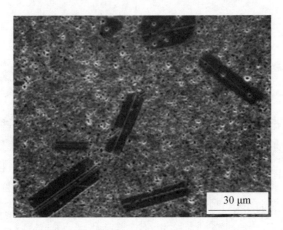

图 9.1　含有 TiO_2 摩尔分数过量 0.1% 的 $BaTiO_3$，经 1 250 ℃空气中烧结 24 h 形成的典型的异常晶粒长大的显微组织

9.1　单相系统异常晶粒长大的唯象理论

在唯象学上，异常晶粒长大的特征是一些大晶粒在细晶粒的基质中快速生长，其中细晶粒的尺寸随退火时间延长几乎不变，或至少与异常晶粒尺寸变化相比可以忽略不计。在这种条件下，异常晶粒的长大速率 dG_a/dt 表示为

$$\frac{dG_a}{dt} = \frac{D_b^{\perp}}{RT} \frac{2\gamma_b}{\beta \overline{G}_m} \frac{V_m}{\omega} \tag{9.2}$$

式中，$\overline{G}_m$ 是基体晶粒的平均尺寸。

积分后，有

$$\overline{G}_{a,t} - \overline{G}_{a,t_0} = \frac{2D_b^{\perp} \gamma_b V_m}{\beta RT \overline{G}_m \omega} t \tag{9.3}$$

式(9.3)表明异常晶粒的平均尺寸随退火时间的延长线性增加。在某些第二相颗粒或杂质分布不均匀的材料中，可能发生异常晶粒长大。但是，如果不是因为这些第二相或杂质，在类似条件下则不会发生异常晶粒长大。另外，在某些高纯材料中也能观察到异常晶粒长大现象。这些结果表明，第二相颗粒或杂质的不均匀分布，并不是异常晶粒长大的直接原因。

9.2　界面能各向异性和异常晶粒长大

9.2.1　单相系统

通过计算机模拟,人们预测了当晶界能各向异性较高或晶界迁移率较高时发生异常晶粒长大的可能性;还预测了具有二维显微组织的薄膜中,表面能各向异性是异常晶粒长大的原因。然而,这些模拟是在能量各向异性或迁移率各向异性的某些假设下进行的。计算中包含的各向异性的物理基础尚不清楚。

在最近的实验研究中,已经发现晶界结构(小平面或粗糙)与晶粒长大模式之间有很强的相关性。图 9.2 是相同材料(在这是 TiO_2 过量的 $BaTiO_3$)中两种类型的晶界(小平面和粗糙)的示例。两种界面类型在原子尺度上也有区别。当所研究材料的晶界是小平面时,发生异常晶粒长大;相反,当具有粗糙界面时,相同的材料则发生正常晶粒长大。这些实验结果表明,与两相系统一样,晶界小平面化是单相系统中异常晶粒长大的必要条件(见 9.2.2 节和 15.4 节)。

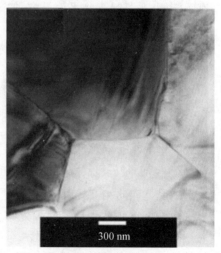

(a) 小平面晶界　　　　　　　　　　　(b) 粗糙晶界

图 9.2　在含有摩尔分数 0.1% 过量 TiO_2 的 $BaTiO_3$ 中观察到的两种晶界((箭头表示小平面晶界)材料在空气中 1 250 ℃ 烧结 10 h 之后在 (a) 空气、(b) 氢气中 1 250 ℃ 退火 48 h)

可以用小平面的可变迁移率来解释观察到的具有小平面界面的材料的异常晶粒长大行为,该小平面通过晶界台阶的横向运动而移动(所谓的台阶生长机制或原子拖拽机制)。对于小平面晶界的横向移动,Yoon 等提出,像小平面固/液界面一样(见 15.4 节),迁移率不是恒定的,而是随驱动力而变化的。在这种条件下,预计驱动力大于临界值的晶界比驱动力小于临界值的晶界移动得快很多,从而导致异常晶粒长大。另外,如果所有晶界的驱动力均小于临界值,那么晶粒长大基本上可以忽略。该预测已在 $BaTiO_3$ 系统中得到了证实。

小平面晶界的迁移率还与界面缺陷有关。对于 $BaTiO_3$,{111} 孪晶能够引起并增强异常晶粒长大。另外,$SrTiO_3$ 中晶界的位错并没有提高晶界迁移率,这与位错提高固/液界面迁移率的情况不同。但是,在这种情况下有个显著特征,即晶界没有完全小平面化(约 35% 小平面)。最近对 $BaTiO_3$ 的研究结果表明,如果晶界是完全小平面化的,似乎位错也能增强晶界迁移率。

9.2.2　两相系统

在固/液两相系统中,当固/液界面能各向异性较高时,在液态基质中生长的晶粒,其形状通常是具有小平面界面的多面体。出现异常晶粒长大的所有系统,几乎都呈现小平面晶粒,如 Al_2O_3、$WC-Co$、Si_3N_4 和 SiC。图 9.3 是晶粒间存在液膜的不纯的 Al_2O_3 中形成的异常晶粒的显微组织。晶粒形状大多为棒状。但是,如果没有液相(对于高纯 Al_2O_3),晶粒形状则主要是各向同性的,而且不会发生异常晶粒长大。这些结果表明,Al_2O_3 中晶界能的各向异性低于固/液界面的各向异性,如图 9.4 所示。少量液相对晶界的润湿进一步表明,晶界能高于两个固/液界面能,而这两个固/液界面能不是通常认为的常数。

对于液体基质中的小平面晶粒,由于小平面上扭矩的作用,二面角不是唯一确定的,这与圆形晶粒的情况相反。当两个小平面晶粒在液体基质中以一定的晶体取向相互接触时,平衡状态下接触面的形状一定是界面能最小的形状。Kim 等观察到在取向偏差约为 3.5° 的两块 (0001) 氧化铝单晶之间形成具有液膜的晶界。图 9.5 显示了观察到的有液膜和无液膜的晶界。有液膜的晶界由具有台阶的小平面构成,而没有液膜的晶界则包含规则间隔的位错。该结果表明,在液体基质中当两个小平面晶粒接触并形成晶界时,该晶界可以分两种:具有液膜晶界和不具有液膜晶界,两种界面都可形成。这种复杂晶界的形成过程,可用具有相同的晶体学取向偏差的两组重叠的 Wulff 网络进行解释。

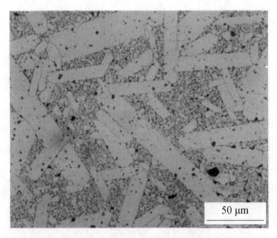

图 9.3　在液相存在的条件下,氧化铝发生异常晶粒长大,Al_2O_3 粉末压坯
(含质量分数约 0.05% 的钙长石)在 1 580 ℃空气中烧结 12 h

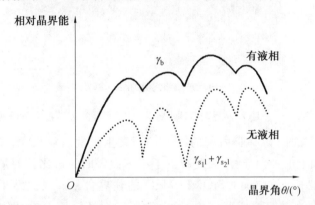

图 9.4　有或无液相的 Al_2O_3 界面能的变化示意图
(界面能代表二维 Al_2O_3 晶体的 $\gamma_{ss}(\gamma_b)$ 或 $(\gamma_{s_11}+\gamma_{s_21})$,取决于 Al_2O_3 的晶体学
取向(类似于晶体的 γ 图))

　　氧化铝的异常晶粒长大长期以来一直是晶粒长大研究的主题。根据最
近的研究,当由于存在杂质而形成液相时,即使是少量的液相,晶粒也会被小
平面化并且会发生异常晶粒长大。Hong 等制备了三种杂质质量分数不同
(约 0.5%、>0.01% 和 <0.01%)的 Al_2O_3 压坯,并在 1 600 ℃(10 h)、1 700 ℃
(5 h)和 1 800 ℃(4 h)烧结。图 9.6 是烧结样品的晶粒形貌示意图。在无液
相的样品中,晶粒形状是各向同性的,并且不会发生异常晶粒长大。然而,当
由于高浓度的杂质而形成液相时,晶粒形状是小平面的并且在低退火温度下
发生异常晶粒长大。随着退火温度的升高,小平面晶粒的边缘变圆,并且由

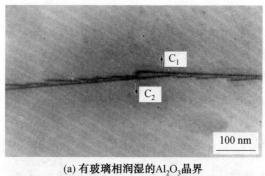

(a) 有玻璃相润湿的Al₂O₃晶界

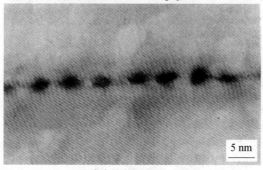

(b) 无玻璃相润湿的Al₂O₃晶界

图 9.5　Al₂O₃ 晶界的 TEM 显微照片(润湿的边界是小平面的)

于熵的贡献增加(阶梯自由能的减少①)而发生正常晶粒长大。MgO 的添加减少了界面能的各向异性,因此减少了小平面界面的占比。测量了诱导和抑制异常晶粒长大的 CaO、SiO₂ 和 MgO 的临界含量。根据结果,当 CaO 和 SiO₂ 的含量在其溶解度范围内时,会发生正常晶粒长大,如图 9.6 所示;相反,如果该含量超过溶解度极限,则发生异常晶粒长大。已经测量出可以消除由 CaO 杂质引起的界面能各向异性并防止异常晶粒长大的 MgO 的临界量与 CaO 的临界量大致相同。但是,这种定量测量很少用于其他系统。

　　最近,人们进行了一些尝试,来解释液体基质中的异常晶粒长大现象。液相中生长小平面单晶的理论和实验结果表明,存在晶粒长大的临界驱动力。根据该解释,只有一些驱动力超过临界值的大晶粒,才能够在具有特定晶粒尺寸分布的多晶中明显长大,从而产生异常的晶粒;相反,如果大晶粒具有的驱动力小于临界值,则不会形成异常大晶粒,而只发生正常晶粒长大。

----

①　关于此主题,见 15.4 节。

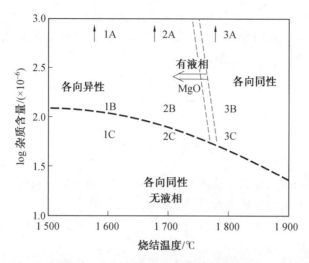

图 9.6　烧结 Al_2O_3 晶粒形貌示意图

（图中数字，例如 1A 代表杂质含量不同的试样）

有关详细信息，见 15.4 节。

9.3　化学不平衡状态下的异常晶粒长大

在高的化学不平衡状态下也会发生异常晶粒长大。图 9.7 是将烧结的 $YBa_2Cu_3O_x$ 压坯在 $DyBa_2Cu_3O_x$ 埋粉中于 950 ℃的 O_2 中退火 20 h 后获得的示例。在这种显微组织中，可以看到毫米大小的异常晶粒。另一个例子可以在 Y−SiAlON 系统中找到。当 Y−β−SiAlON 晶粒由与 Y−β−SiAlON 平衡的氧氮化物玻璃中的 Y−α−SiAlON 生成时，也会形成异常大的晶粒。

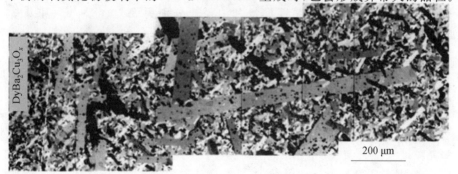

图 9.7　将烧结的 $YBa_2Cu_3O_x$ 试样在 $DyBa_2Cu_3O_x$ 埋粉中于 950 ℃的 O_2 中热处理 20 h 后观察到的异常长大的 $Y(Dy)Ba_2Cu_3O_x$ 超导晶粒

在 Al_2O_3 中也观察到了这种化学不平衡环境中晶粒的异常长大,尽管其机理尚不清楚,但该现象似乎与在 $BaTiO_3$ 中观察到的 DIIM 有关,DIIM 可以局部地明显增加晶粒长大的驱动力(见 8.4 节)。

习　　题

3.1　比较并解释在多晶纯材料和具有第二相颗粒的材料中观察到的正常晶粒长大,并用经典理论解释异常晶粒长大行为。

3.2　对于离子化合物,晶粒长大方程(6.1)中的 $D_b^{\perp}$ 和 V_m 值应为多少?

3.3　证明式(6.7)。

3.4　请画图解释第二相颗粒对具有 175° 二面角的晶粒长大阻力的影响。假设晶界能 γ_b 是恒定的。

3.5　假定一个多晶体中均匀分布着细小的第二相颗粒。对于以下情况,随退火时间延长,多晶体的晶粒尺寸将发生怎样的变化?

(1)第二相颗粒无长大。

(2)第二相颗粒通过晶格扩散长大。

(3)第二相颗粒通过晶界扩散长大。

绘制示意图并进行说明。

3.6　考虑两个致密度为 96% 粉末压坯烧结体,请就有或无均匀分布的第二相颗粒两种情况,比较压坯的致密化速率。

3.7　假设弹性应变能是偏析的唯一驱动力,计算在 MgO 晶界处 Ca^{2+} 偏析的程度。假设 MgO 的弹性模量和泊松比分别为 $3 \times 10^{11} \, N/m^2$ 和 0.3。Mg^{2+} 和 Ca^{2+} 的离子半径分别为 0.72 Å(1Å=0.1 nm)和 1.0 Å。

3.8　推导晶界处的溶质浓度 C_b。

$$C_b = \frac{C \exp(-\Delta E / RT)}{1 - C + C \exp(-\Delta E / RT)}$$

式中,C 是块体中的溶质浓度;ΔE 是晶界处溶质偏析的自由能变化。

3.9　对于晶界处存在溶质高度偏析的单相体系,请绘制一个示意图,解释晶粒尺寸在 0.01~100 μm 范围对晶粒长大速率的影响。假定在任何晶粒尺寸下,晶粒正常长大。

3.10　假如固溶体中包含两种溶质:一种溶质垂直于晶界的扩散速率非常快;而另一种则非常慢。对于两种溶质,假设在晶界处有较高的溶质偏析现象,并假设晶界具有相同的相互作用势。请示意性地画出并解释溶质阻力随晶粒尺寸的变化。

3.11　请解释晶界处的溶质偏析随温度升高的变化。示意性地画出并解释纯、少量不纯和高度不纯材料的晶界迁移速率随温度的变化。

3.12　假设在具有倾斜角 θ 的对称倾斜晶界处形成的坡口角为 φ。请示意性地画出并解释,随着温度升高,φ 和 θ 之间的关系大致如何变化?假设表面能不变。

3.13　在图中说明不纯材料中对称倾斜晶界的迁移率随倾斜角 θ 的变化。随着温度升高,晶界迁移率随 θ 如何变化?

3.14　纯材料的晶界迁移率是 $D_b^{\perp}/kT$。请推导具有高晶界偏析的不纯材料,其晶界迁移的速率下限。假设晶界偏析遵循 McLean 模型。

3.15　有纯度分别为 99.8% 和 99.999% 的两种全致密的多晶体,对其进行晶粒长大实验,工程师发现两种多晶体晶粒长大的激活能不同。请问哪个晶体具有的长大激活能更高?请回答在这两种情况下,影响激活能的种类和过程。

3.16　解释在扩散诱导的晶界迁移开始时,如何确定迁移方向。

3.17　对于给定的材料,扩散诱导的晶界迁移发生在一定温度范围内。为什么?

3.18　解释钨在镍熔体中溶解的可能过程。

3.19　如题 3.19 图所示,考虑将金属 A 与金属 B 接触并在它们的熔点以下进行热处理。假设 B 在 A 中的溶解度有限,绘制示意图并说明 B 在 A 中的浓度随热处理温度和时间的变化。

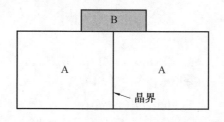

题 3.19 图

3.20　在液相烧结体中加入溶质原子会发生液膜迁移。如果在退火过程中,某些液膜的迁移方向发生逆转并回到原来的位置,那么导致这种逆迁移的原因是什么?已知液膜的主曲率半径在其逆迁移之前为 r_1 和 r_2,估算液膜迁移的驱动力。

3.21　假设大单晶表面上存在完美共格的扩散层。

(1)解释扩散层中弹性应力的状态。

(2)计算弹性应力和应变，对于立方晶系计算扩散层中的弹性应变能。

3.22　假设 α 单晶上存在部分共格的 β 薄层。假设 α/β 界面处形成的失配位错间距为 d，并且 α 和 β 的本征（无应力）晶格参数分别为 a^α 和 a^β，试推导 β 层中的共格应变 ε。

3.23　画出液膜迁移的吉布斯自由能与成分关系的示意图并解释。

3.24　讨论不连续析出或溶解过程中发生的晶界迁移是否与 DIGM 有本质区别。

3.25　多晶 $BaTiO_3$ 的晶界结构随氧分压 p_{O_2} 变化，在高 p_{O_2} 和低 p_{O_2} 下分别为小平面晶界和粗糙晶界。假设具有不同晶界结构的 $BaTiO_3$ 多晶体中，溶质离子的晶格扩散系数和晶界扩散系数相同，在分别具有小平面晶界和粗糙晶界的两种不同的 $BaTiO_3$ 样品中，是否发生相同程度的 DIGM？说明理由。

3.26　假定细、粗两种粉末化学成分相同。在粉末烧结过程中，细粉末压坯显示出异常晶粒长大，而粗粉末压坯显示出正常晶粒长大。解释为什么两种粉末之间的晶粒长大行为不同。

3.27　对于烧结过程中经常出现异常晶粒长大的系统，从晶界结构变化的角度，可以采取哪些可能的措施来抑制异常晶粒长大？

3.28　根据 DIIM 过程，详细解释化学不平衡条件下异常晶粒的形成。

参 考 文 献

[1]　(a) Gleiter，H. and Chalmers，B.，High-Angle Grain Boundaries，Pergamon Press，Oxford，127-78，1972.

(b) Humphreys，F. J. and Hatherly，M.，Recrystallization and Related Annealing Phenomena，Pergamon，Oxford，85-126，1996.

(c) Gottstein，G. and Shvindlerman，L. S.，Grain Boundary Migration in Metals：Thermodynamics，Kinetics，Applications，CRC Press，Boca Raton，FL，125-285，1999.

[2]　(a) Atkinson，H. V.，Theories of normal grain growth in pure single phase system，Acta Metall.，36，469-91，1988.

(b) Humphreys, F. J. and Hatherly, M. , Recrystallization and Related Annealing Phenomena, Pergamon, Oxford, 281-325, 1996.

[3] Burke, J. E. and Turnbull, D. , Recrystallization and grain growth, Prog. Metal Phys. , 3, 220-91, 1952.

[4] Brook, R. J. , Controlled grain growth, in Ceramic Fabrication Processes, F. F. Y. Wang (ed.), Academic Press, New York, 331-64, 1976.

[5] Smith, C. S. , Some elementary principles of polycrystalline microstructure, Metall. Reviews, 9, 1-48, 1964.

[6] Hillert, M. , On the theory of normal and abnormal grain growth, Acta Metall. , 13, 227-38, 1965.

[7] Pande, C. S. , and Dantsker, E. , On a stochastic theory of grain growth — IV, Acta Metall. Mater. , 42, 2899-903, 1994.

[8] von Neumann, J. , in Metal Interfaces, Am. Soc. Metals, Cleveland, 108-10 (discussion), 1952.

[9] Mullins, W. W. , Two-dimensional motion of idealized grain boundaries, J. Appl. Phys. , 27, 900-904, 1956.

[10] Fradkov, V. E. , Glicksman, M. E. , Palmer, M. and Rajan, K. , Topological events in two-dimensional grain growth: experiments and simulations, Acta Metall. Mater. , 42, 2719-27, 1994.

[11] Martin, J. W. and Doherty, R. D. , Stability of Microstructure in Metallic Systems, Cambridge University Press, Cambridge, 221-43, 1976.

[12] Gleiter, H. , Theory of grain boundary migration rate, Acta Metall. , 17, 853-62, 1969.

[13] Yoon, D. Y. , Park, C. W. and Koo, J. B. , The step growth hypothesis for abnormal grain growth, in Ceramic Interfaces 2, H. -I. Yoo. and S. -J. L. Kang (eds), Institute of Materials, London, 3-21, 2001.

[14] Jung, Y. -I. , Choi, S. -Y. and Kang, S. -J. L. , Grain growth behavior during stepwise sintering of barium titanate in hydrogen gas and air, J. Am. Ceram. Soc. , 86, 2228-30, 2003.

[15] Choi, S. -Y. and Kang, S. -J. L. , Sintering kinetics by structural transition at grain boundaries in barium titanate, Acta Mater. , 52, 2937-43, 2004.

[16] Zener, C. , Private communication to C. S. Smith, Grains, phases and interfaces: an interpretation of microstructures, Am. Inst. Min. Metall. Engrs, 175, 15-51, 1949.

[17] Louat, N., The resistance to normal grain growth from a dispersion of spherical particles, Acta Metall., 30, 1291-94, 1982.

[18] Manohar, P. A., Ferry, M. and Chandra, T., Five decades of the Zener equation, ISIJ Inter., 38, 913-24, 1998.

[19] French, J. D., Harmer, M. P., Chan, H. M. and Miller, G. A., Coarsening-resistant dual-phase interpenetrating microstructures, J. Am. Ceram. Soc., 73, 2508-10, 1990.

[20] Greenwood, G. W., Particle coarsening, in The Mechanism of Phase Transformations in Crystalline Solids, Institute of Metals, London, 103-10, 1969.

[21] Kirchner, H. O. K., Coarsening of grain-boundary precipitates, Metall. Trans. A, 2A, 2861-64, 1971.

[22] Hondros, E. D. and Seah, M. P., Segregation to interfaces, Inter. Metals Reviews, 222, 262-301, 1977.

[23] McLean, D., Grain Boundaries in Metals, Clarendon Press, Oxford, 1957.

[24] Wynblatt, P. and Ku, R. C., Surface segregation in alloys, in Interfacial Segregation, W. C. Johnson and J. M. Blakely (eds), Am. Soc. Metals, Metals Park, OH, 115-36, 1979.

[25] Wynblatt, P. and McCune, R. C., Chemical aspects of equilibrium segregation to ceramic interfaces, in Surfaces and Interfaces in Ceramic and Ceramic-Metal Systems, Mater. Sci. Research Vol. 14, J. A. Park and A. G. Evans (eds), Plenum Press, New York, 83-95, 1981.

[26] Cahn, J. W., The impurity-drag effect in grain boundary motion, Acta Metall., 10, 789-98, 1962.

[27] Lücke, K. and Stüwe, H.-P., On the theory of grain boundary motion, in Recovery and Recrystallizaion of Metals, L. Himmel (ed.), Gordon and Breach, New York, 171-210, 1963.

[28] Glaeser, A. M., Bowen, H. K and Cannon, R. M., Grain-boundary migration in LiF: I, mobility measurements, J. Am. Ceram. Soc., 69, 119-26, 1986.

[29] Hwang, S. L. and Chen, I.-W., Grain size control of tetragonal zirconia polycrystals using the space charge concept, J. Am. Ceram. Soc., 73, 3269-77, 1990.

[30] Jeong, J.-W., Han, J.-H. and Kim, D.-Y., Effect of electric field on

the migration of grain boundaries in alumina, J. Am. Ceram. Soc. , 83, 915-18, 2000.

[31] Yan, M. F. , Cannon, R. M. and Bowen, H. K. , Grain boundary migration in ceramics, in Ceramic Microstructures '76, R. M. Fulrath and J. A. Pask (eds), Westview Press, Boulder, Colorado, 276-307, 1977.

[32] Bennison, S. -J. and Harmer, M. P. , Grain growth kinetics for alumina in the absence of a liquid phase, J. Am. Ceram. Soc. , 68, C22-C24, 1985.

[33] Chiang, Y. M. and Kingery, W. D. , Grain-boundary migration in non-stoichiometric solid solutions of magnesium aluminate spinel: I, grain growth studies, J. Am. Ceram. Soc. , 72, 271-77, 1989.

[34] Rödel, J. and Glaeser, A. M. , Anisotropy of grain growth in alumina, J. Am. Ceram. Soc. , 73, 3292-301, 1990.

[35] Tsurekawa, S. , Ueda, T. , Ichikawa, K. , Nakashima, H. , Yoshitomi, Y. and Yoshinaga, H. , Grain boundary migration in Fe-3%Si bicrystal, Mater. Sci. Forum, 204-206, 221-26, 1996.

[36] King, A. H. , Diffusion induced grain boundary migration, Inter. Mater. Rev. , 32, 173-89, 1987.

[37] Handwerker, C. A. , Diffusion-induced grain boundary migration in thin films, in Diffusion Phenomena in Thin Films and Microelectronic Materials, D. Gupta and P. S. Ho (eds), Noyes Publications, Park Ridge, NJ, 245-322, 1988.

[38] (a) Yoon, D. N. , Chemically induced interface migration in solids, Annu. Rev. Mater. Sci. , 19, 43-58, 1989.
(b) Yoon, D. Y. , Theories and observations of chemically induced interface migration, Inter. Mater. Rev. , 40, 149-79, 1995.

[39] Yoon, D. N. , Cahn, J. W. , Handwerker, C. A. and Blendell, J. E. , Coherency strain induced migration of liquid films through solids, in Interface Migration and Control of Microstructure, C. S. Pande, D. A. Smith, A. H. King and J. Walter (eds), Am. Soc. Metals, Metals Park, OH, 19-31, 1986.

[40] Brechet, Y. J. M. and Purdy, G. R. , A phenomenological description for chemically induced grain boundary migration, Acta Metall. , 37,

2253-59, 1989.

[41] den Broeder, F. J. A. , Interface reaction and a special form of grain boundary diffusion in the Cr-W system, Acta Metall. , 20, 319-32, 1972.

[42] Hillert, M. and Purdy, G. R. , Chemically induced grain boundary migration, Acta Metall. , 26, 333-40, 1978.

[43] Yoon, D. N. and Huppmann, W. J. , Chemically driven growth of tungsten grains during sintering in liquid nickel, Acta Metall. , 27, 973-77, 1979.

[44] Li, C. and Hillert, M. , A metallographic study of diffusion-induced grain boundary migration in the Fe-Zn system, Acta Metall. , 29, 1949-60, 1981.

[45] Rhee, W. H. , Song, Y. D. and Yoon, D. N. , A critical test for the coherency strain effect on liquid film and grain boundary migration in Mo-Ni-(Co-Sn) alloy, Acta Metall. , 35, 57-60, 1987.

[46] Rhee, W. H. and Yoon, D. N. , The grain boundary migration induced by diffusional coherency strain in Mo-Ni alloy, Acta Metall. , 37, 221-28, 1989.

[47] Baik, Y. -J. and Yoon, D. N. , The effect of curvature on the grain boundary migration induced by diffusional coherency strain in Mo-Ni alloy, Acta Metall. , 35, 2265-71, 1987.

[48] Kim, J. J. , Song, B. M. , Kim, D. Y. and Yoon, D. N. , Chemically induced grain boundary migration and recrystallization in PLZT ceramics, Am. Ceram. Soc. Bull. , 65, 1390-92, 1986.

[49] Lee, H. -Y. , and Kang, S. -J. L. , Chemically induced grain boundary migration and recrystallization in Al_2O_3 , Acta Metall. Mater. , 30, 1307-12, 1990.

[50] Jeong, J. W. , Yoon, D. N. and Kim, D. Y. , Chemically induced instability at interfaces of cubic ZrO_2-Y_2O_3 grains in a liquid matrix, Acta Metall. Mater. , 39, 1275-79, 1991.

[51] Yoon, K. J. and Kang, S. -J. L. , Chemical control of the grain boundary migration of $SrTiO_3$ in the $SrTiO_3$-$BaTiO_3$-$CaTiO_3$ system, J. Am. Ceram. Soc. , 76, 1641-44, 1993.

[52] Jeon, J. -H. and Kang, S. -J. L. , Effect of sintering atmosphere on

interface migration of niobium-doped strontium titanate during infiltration of oxide melts, J. Am. Ceram. Soc. , 77, 1688-90, 1994.

[53] Jeon, J. -H. and Kang, S. -J. L. , Control of interface migration of melt-infiltrated niobium-doped strontium titanates by solute species and atmosphere, J. Am. Ceram. Soc. , 81, 624-28, 1998.

[54] Lee, H. Y. , Kim, J. -S. and Kang, S. -J. L. , Diffusion induced grain boundary migration and enhanced grain growth in $BaTiO_3$, Interface Science, 8, 223-29, 2000.

[55] Tiller, W. A. , Jackson, K. A. ,Rutter, J. W. and Chalmers, B. , The redistribution of solute atoms during the solidification of metals, Acta Metall. , 1, 428-37, 1953.

[56] Rhee, Y. -W. , Lee, H. Y. and Kang, S. -J. L. , Diffusion induced grain-boundary migration and mechanical property improvement in Fe-doped alumina, J. Eu. Ceram. Soc. , 23, 1667-74, 2003.

[57] Hillert, M. , On the driving force for diffusion induced grain boundary migration, Scripta Metall. , 17, 237-40, 1983.

[58] Cahn, J. W. , On spinodal decomposition in cubic crystals, Acta Metall. , 10, 179-83, 1962.

[59] Hilliard, J. E. ,Spinodal decomposition, in Phase Transformations, H. I. Aaronson (ed.), Am. Soc. Metals, Metals Park, OH, 497-560, 1968.

[60] Chen, F. S. , Dixit, G. ,Aldykiewicz, A. J. and King, A. H. , Bicrystal studies of diffusion-induced grain boundary migration in Cu/Zn, Metall. Trans. A, 21A, 2363-67, 1990.

[61] Lee, H. -Y. , Kang, S. -J. L. and Yoon, D. Y. , The effect of elastic an-isotropy on the direction and faceting of chemically induced grain boundary migration in $Al_2 O_3$, Acta Metall. Mater. , 41, 2497-502, 1993.

[62] Lee, H. -Y. , Kang, S. -J. L. and Yoon, D. Y. , Coherency strain energy and the direction of chemically induced grain boundary migration in $Al_2 O_3 - Cr_2 O_3$ and $Al_2 O_3 - Fe_2 O_3$, J. Am. Ceram. Soc. , 77, 1301-06, 1994.

[63] Paek, Y. K. , Lee, H. -Y. and Kang, S. -J. L. , Direction of chemically induced interface migration in $Al_2 O_3$-anorthite system, J. Am. Ceram.

Soc. , 79, 3029-32, 1996.

[64] Chung, Y. H. , Shin, M. C. and Yoon, D. Y. , The effect of external stress on the discontinuous precipitation in an Al-Zn alloy at high and low temperatures, Acta Metall. Mater. , 40, 2177-84, 1992.

[65] Mura, T. , Micromechanics of Defects in Solids, Martinus Nijhoff Publ. , Dordrecht, 1987.

[66] Hay, R. S. , Coherency strain energy and thermal strain energy of thin films in any crystal system, Scripta Metall. , 26, 535-40, 1992.

[67] Lee, H. -Y. and Kang, S. -J. L. , A general equation of coherency strain energy and its application, Z. Metallkd. , 85, 426-31, 1994.

[68] Rehrig, P. W. , Messing, G. L. and Trolier-McKinstry, S. , Templated grain growth of barium titanate single crystals, J. Am. Ceram. Soc. , 83, 2654-60, 2000.

[69] Huang, Y. and Humphreys, F. J. , Subgrain growth and low angle boundary mobility in aluminium crystals of orientation {110}⟨001⟩, Acta Mater. , 48, 2017-30, 2000.

[70] Wang, S. -M. , Effect of grain boundary structure on diffusion induced grain boundary migration in $BaTiO_3$, MS Thesis, KAIST, Daejeon, 2003.

[71] Yoon, K. J. , Yoon, D. N. and Kang, S. -J. L. , Chemically induced grain boundary migration in $SrTiO_3$, Ceram. Inter. , 16, 151-55, 1990.

[72] Baik, Y. -J. and Yoon, D. N. , The discontinuous precipitation of a liquid phase in Mo-Ni induced by diffusional coherency strain, Acta Metall. Mater. , 38, 1525-34, 1990.

[73] Baik, Y. -J. and Yoon, D. N. , Migration of liquid film and grain boundary in Mo-Ni induced by temperature change, Acta Metall. , 33, 1911-17, 1985.

[74] den Broeder, F. J. A. , Diffusion-induced grain boundary migration and recrystallization, exemplified by the system Cu-Zn, Thin Solid Films, 124, 135-48, 1985.

[75] Mittemeijer, E. T. and Beers, A. M. , Recrystallization and interdiffusion in thin bimetallic films, Thin Solid Films, 65, 125-35, 1980.

[76] Guan, Z. M. , Liu, G. X. , Williams, D. B. and Notis, M. R. , Diffusion-

induced grain boundary migration and associated concentration profiles in a Cu-Zn alloy, Acta Metall. , 37, 519-27, 1989.

[77] Matthews, J. W. and Crawford, J. L. , Formation of grain boundaries during diffusion between single crystal films of gold and palladium, Phil. Mag. , 11, 977-91, 1965.

[78] Chae, K. -W. , Hwang, C. S. , Kim, D. -Y. and Cho, S. J. , Diffusion induced recrystallization of TiC, Acta Mater. , 44, 1793-99, 1996.

[79] Paek, Y. -K. , Lee, H. -Y. , Lee, J. -Y. and Kang, S. -J. L. , Interface instability in alumina under chemical inequilibrium, in Mass and Charge Transport in Ceramics (Ceramic Trans. Vol. 71), K. Koumoto, L. M. Sheppard and H. Matsubara (eds), Am. Ceram. Soc. Weterville, OH, 333-44, 1996.

[80] Paek, Y. -K. , Lee, H. -Y. and Kang, S. -J. L. , Diffusion induced re-crystallization in alumina, J. Eu. Ceram. Soc. , 24, 613-18, 2004.

[81] Suh, J. H. , The effect of synthesis processes on the microstructure of Y-Ba-Cu-O superconducting system, PhD Thesis, KAIST, Daejeon, 1992.

[82] Ko, J. Y. , Park S. -Y. , Yoon D. Y. and Kang S. -J. L. , Migration of intergranular liquid films and formation of core-shell grains in sintered TiC-Ni bonded to WC-Ni, J. Am. Ceram. Soc. , 87, 2262-67, 2004.

[83] Kim, M. -S. , Fisher, J. G. , Lee, H. -Y. and Kang, S. -J. L. , Diffusion-induced interface migration and mechanical property improvement in the lead magnesium niobate-lead titanate system, J. Am. Ceram. Soc. , 86, 1988-900, 2003.

[84] Kim, J. -S. and Kang, S. -J. L. , Grain boundary migration and dielectric properties of semiconducting $SrTiO_3$ in the $SrTiO_3$-$BaTiO_3$-$CaTiO_3$ system, J. Am. Ceram. Soc. , 82, 1196-200, 1999.

[85] Koo, S. -Y. , Lee, G. -G. , Kang, S. -J. L. , Nowotny, J. and Sorrell, C. , Suppression of liquid film migration and improvement of dielectric properties in Nb-doped $SrTiO_3$, J. Am. Ceram. Soc. , 87, 1483-87, 2004.

[86] Rios, P. R. , Abnormal grain growth in materials containing particles, Acta Metall. Mater. , 42, 839-43, 1994.

[87] Rollett, A. D. , Srolovitz, D. J. and Anderson, M. P. , Simulation and

theory of abnormal grain growth anisotropic grain boundary energies and mobilities, Acta Metall. , 37, 1227-40, 1989.

[88] Grest, G. S. , Srolovitz, D. J. and Anderson, M. P. , Computer simulation of grain growth—IV. Anisotropic grain boundary energies, Acta Metall. , 33, 509-20, 1985.

[89] Srolovitz, D. J. , Grest, G. S. and Anderson, M. P. , Computer simulation of grain growth—V. Abnormal grain growth, Acta Metall. , 33, 2233-47, 1985.

[90] Kang, M.-K. , Kim, D.-Y. and Hwang, N. M. , Ostwald ripening kinetics of angular grains dispersed in a liquid phase by two-dimensional nucleation and abnormal grain growth, J. Eu. Ceram. Soc. , 22, 603-12, 2002.

[91] Rohrer, G. S. , Rohrer, C. L. and Mullins, W. W. , Coarsening of faceted crystals, J. Am. Ceram. Soc. , 85, 675-82, 2002.

[92] Bolling, G. F. and Winegard, W. C. , Grain growth in zone-refined lead, Acta Metall. , 6, 283-87, 1958.

[93] Holmes, E. L. and Winegard, W. C. , Grain growth in zone-refined tin, Acta Metall. , 7, 411-14, 1959.

[94] Lee, B.-K. , Chung, S.-Y. and Kang, S.-J. L. , Grain boundary faceting and abnormal grain growth in $BaTiO_3$, Acta Mater. , 48, 1575-80, 2000.

[95] Lee, S. B. , Yoon, D. Y. and Henry, M. F. , Abnormal grain growth and grain boundary faceting in a model Ni-base superalloy, Acta Mater. , 48, 3071-80, 2000.

[96] Lee, B.-K. , Jung, Y.-I. , Kang, S.-J. L. and Nowotny, J. , {111} twin formation and abnormal grain growth in (Ba, Sr) TiO_3 , J. Am. Ceram. Soc. , 86, 155-60, 2003.

[97] Chung, S.-Y. and Kang, S.-J. L. , Intergranular amorphous films and dislocation- promoted grain growth in $SrTiO_3$, Acta Mater. , 51, 2345-54, 2003.

[98] Hong, B. S. , Kang, S.-J. L. and Brook, R. J. , The effect of powder purity and sintering temperature on the microstructure of sintered Al_2O_3 , unpublished work, 1988.

[99] Koo, J. B. and Yoon, D. Y. , The dependence of normal and abnormal

grain growth in silver on annealing temperature and atmosphere, Metall. Mater. Trans. A, 32A, 469-75, 2001.

[100] Choi, J. S. and Yoon, D. Y. , The temperature dependence of abnormal grain growth and grain boundary faceting in 316L stainless steel, ISIJ International, 41, 478-83, 2001.

[101] Babcock, S. E. and Balluffi, R. W. , Grain boundary kinetics—I. In situ observations of coupled grain boundary dislocation motion, crystal translation and boundary displacement, Acta Metall. , 37, 2357-65, 1989.

[102] Rae, C. M. F. and Smith, D. A. , On the mechanisms of grain boundary migration, Phil. Mag. , A41, 477-92, 1980.

[103] Merkle, K. L. and Thompson, L. J. , Atomic-scale observation of grain boundary motion, Mater. Lett. , 48, 188-93, 2001.

[104] Chung, S.-Y. , and Kang, S.-J. L. , Effect of dislocations on grain growth in $SrTiO_3$, J. Am. Ceram. Soc. , 83, 2828-32, 2000.

[105] Lee, M.-G. , Choi, S.-Y. and Kang, S.-J. L. , Effect of dislocations on grain boundary mobility in $BaTiO_3$, unpublished work, 2004.

[106] Bae, S. I. and Baik, S. , Determination of critical concentrations of silica and/or calcia for abnormal grain growth in alumina, J. Am. Ceram. Soc. , 76, 1065-67, 1993.

[107] Schreiner, M. , Schmitt, Th. , Lassner, E. and Lux, B. , On the origins of discontinuous grain growth during liquid phase sintering of WC-Co cemented carbides, Powder Metall. Inter. , 16, 180-83, 1984.

[108] Kang, S.-J. L. and Han, S.-M. , Grain growth in Si_3N_4 based materials, MRS Bull. , 20, 33-37, 1995.

[109] Jang, C.-W. , Kim, J. S. and Kang, S.-J. L. , Effect of sintering atmosphere on grain shape and grain growth in liquid phase sintered silicon carbide, J. Am. Ceram. Soc. , 85, 1281-84, 2002.

[110] Park, C. W. and Yoon, D. Y. , Abnormal grain growth in alumina with anorthite liquid and the effect of MgO addition, J. Am. Ceram. Soc. , 85, 1585-93, 2002.

[111] Herring, C. , The use of classical macroscopic concepts in surface-energy problems, in Structure and Properties of Solid Surface, R. Gomer and

C. S. Smith (eds), University of Chicago Press, Chicago, IL, 5-81, 1952.

[112] Cahn, J. W. and Hoffman, D. W. , A vector thermodynamics for anisotropic surfaces—II. Curved and faceted surfaces, Acta Metall. , 22, 1205-14, 1974.

[113] Kim, D. -Y. , Wiederhorn, S. M. , Hockey, B. J. , Handwerker, C. A. and Blendell, J. E. , Stability and surface energies of wetted grain boundaries in aluminum oxide, J. Am. Ceram. Soc. , 77, 444-53, 1994.

[114] Park, C. W. and Yoon, D. Y. , Effects of SiO_2, CaO, and MgO additions on the grain growth of alumina, J. Am. Ceram. Soc. , 83, 2605-609, 2000.

[115] Kwon, O. -S. , Hong, S. -H. , Lee, J. -H. , Chung, U. -J. , Kim, D. -Y. and Hwang, N. M. , Microstructural evolution during sintering of TiO_2/SiO_2-doped alumina: mechanisms of anisotropic abnormal grain growth, Acta Mater. , 50, 4865-72, 2002.

[116] Bae, S. I. and Baik, S. , Critical concentration of MgO for the prevention of abnormal grain growth in alumina, J. Am. Ceram. Soc. , 77, 2499-504, 1994.

[117] Park, Y. J. , Hwang, N. M. and Yoon, D. Y. , Abnormal growth of faceted (WC) rains in a (Co) liquid matrix, Metall. Trans. A, 27A, 2809-19, 1996.

[118] Burton, W. K. , Cabrera, N. and Frank, F. C. , The growth of crystals and the equilibrium structure of their surfaces, Phil. Trans. R. Soc. London, A243, 299-358, 1951.

[119] Hirth, J. P. and Pound, G. M. , Condensation and Evaporation, Pergamon Press, Oxford, 77-148, 1963.

[120] Flemings, M. C, Solidification Processes, McGraw-Hill, New York, 301-26, 1974.

[121] Peteves, S. D. and Abbaschian, R. , Growth kinetics of solid-liquid Ga interfaces: Part I. experimental, Metal. Trans. A, 22A, 1259-70, 1991.

[122] Kang, S.-J. L., Han, S.-M., Lee, D.-D. and Yoon, D. N., $\alpha \rightarrow \beta$ phase transition and grain morphology in Y-Si-Al-O-N system, in MRS Inter. Meeting on Advanced Materials, Vol. 5, Materials Research Society, 63-67, 1989.

[123] Lee, S.-H., Kim, D.-Y. and Hwang, N. M., Effect of anorthite liquid on the abnormal grain growth of alumina, J. Eu. Ceram. Soc., 22, 317-21, 2002.

第四部分　显微组织演变

如第 1 章所述,在粉末压坯烧结过程中发生的基本现象是致密化和晶粒长大。第二部分和第三部分分别描述了无晶粒长大的致密化和完全致密压坯中的晶粒长大。在第四部分中,将主要对这些基本现象进行综合讨论,研究烧结过程中压坯的显微组织演变。第 11 章描述了含有球形气孔的粉末压坯的显微组织演变。在烧结的后期,气孔尺寸通常小于晶粒尺寸,由二面角确定的气孔形状不是分析显微组织演变的主要参数。相反,对于与晶粒尺寸相当或大于晶粒尺寸的气孔,其形状是重要的参数。气孔是否收缩,取决于二面角和孔与晶粒尺寸的比值,除非由于晶粒长大而满足临界条件,否则气孔不会收缩。接下来的第 10 章中将讨论这个主题。

第 10 章　晶界能与烧结

10.1　作为原子源的晶界

如 4.1.4 节所述,多晶材料中的晶界不是理想的原子源和原子汇,如果晶界作为原子源,则需要临界驱动力。界面原子迁移的临界驱动力随晶界的性质、结构和取向明显变化。对于具有随机取向的粗糙晶界而言,临界驱动力一定非常低,而对于能量高的特殊(或小平面)晶界,临界驱动力一般很高。当晶界是小平面时,可以预见临界驱动力要远远高于粗糙晶界的临界驱动力。根据最近对 $BaTiO_3$ 烧结的研究结果,当晶界结构从粗糙界面变为小平面时,在烧结后期,致密化几乎停止。该结果表明,晶界小平面化会大大增加原子从晶界向颈部迁移的临界驱动力。实际上,晶界不是没有能量势垒的理想的原子源,而是需要临界驱动力的源,该临界驱动力随晶界性质,特别是晶界的结构而变化。但是,对该方面的研究还非常有限(见 4.1.4 节)。

　　弥散的第二相颗粒也会增加临界驱动力。如果晶界处的位错被第二相颗粒钉住,则原子从晶界迁移就需要更高的能量。在此情况下,晶界的原子通量 J 表示为

$$J = \frac{D}{RT}\left(\frac{1}{L}\right)\left(\frac{\gamma_s}{r} - A\right) \tag{10.1}$$

式中,L 是扩散距离;A 是原子从位错源迁移所需的应力,A 可以表示为

$$A = \frac{2\mu b}{d} \tag{10.2}$$

式中,μ 是剪切模量;b 是伯氏矢量;d 是颗粒的平均距离。

　　该方程实际上等同于从 Frank-Read 源产生位错的方程。因此,若

$$d < \frac{2\mu b r}{\gamma_s} = \frac{\mu b x^2}{2 a \gamma_s} \tag{10.3}$$

则不会发生从晶界到颈部的物质传输。这意味着当非烧结的第二相颗粒在晶界弥散分布时,烧结将受到限制,并且发现,细小第二相颗粒的存在能够大大降低烧结动力学。

10.2　晶界能对气孔收缩的影响

　　在固相烧结中,由于表面被晶界取代,所以晶界能对烧结有阻碍作用。在实际系统中,晶界能不是零,而是具有有限数值。非零晶界能导致形成小于 180°的二面角,并使与孔相邻的晶粒表面呈现出凸面、平面或凹面的形状。由于气孔收缩的驱动力来自晶粒表面的毛细管压力,因此驱动力的取值可为正值、零或负值。Kingery 和 Francois 通过计算,研究了在二面角固定不变的条件下(孔的亚稳构型),产生平直晶粒表面所需的孔周围的临界晶粒数量。后来,通过计算孔周围晶粒的总界面能(表面能和晶界能),Lange 和 Kellett 发现,如果给定晶粒的数量不变、孔径与晶粒尺寸之比不变,那么晶界形状则存在最小的能量构型。这种通过计算总界面能研究孔稳定性的方法,比以前观察晶粒表面曲率的研究方法更具有普遍性,对于少数几个晶粒构成的局部系统以及大量晶粒构成的整个系统都适用。局部系统的研究,有助于分析烧结初期显微组织的稳定性。但是,在烧结初期,烧结并不直接受总界面能降低的影响,而是受到晶粒颈部几何形状的影响。在这一点上,将关于孔稳定性的讨论范围限制在烧结后期才是更符合实际情况的。

　　在烧结后期,孤立气孔周围的晶粒数量取决于孔径和平均晶粒尺寸。由于气孔周围晶粒的形状与平均晶粒的形状相似,因此周围晶粒数量的多少也

代表平均晶粒尺寸的大小。在这种条件下,界面能方法与表面曲率方法得出的结果相同,这在物理上更便于讨论气孔的稳定性。

　　孤立气孔周围的晶粒的表面曲率大小,受晶粒数量和它们之间的二面角的影响。对于二维系统二面角为120°时,图10.1示意性给出了与不同数量晶粒相关的三种类型的表面曲率。(当然,实际上这种二面角的假设是不可能的。)在这种情况下,当晶粒数为6、小于6和大于6时,孔半径与表面曲率半径之比分别为零、正数和负数。当表面曲率半径无限大时,晶界处和晶粒表面的原子的化学势没有差异,此时,气孔处于亚稳状态。当周围晶粒数大于6时,晶粒表面是凸形的,并且晶粒表面原子的化学势高于晶界处原子的化学势,因此气孔具有膨胀的趋势;相比之下,当周围晶粒数小于6时,孔趋于收缩。对于二维结构,孔发生收缩的条件表示为

$$\phi > \left(1 - \frac{2}{n}\right)\pi \tag{10.4}$$

式中,ϕ是二面角;n是孔周围的晶粒数。

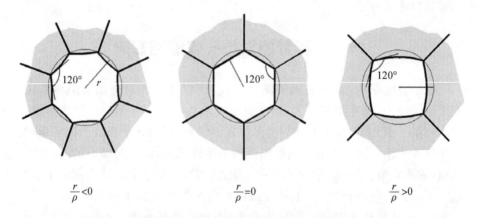

$$\frac{r}{\rho} < 0 \qquad\qquad \frac{r}{\rho} = 0 \qquad\qquad \frac{r}{\rho} > 0$$

图 10.1　气孔形状随周围晶粒数量的变化(假设二面角为 120°)

　　图10.2显示了三维结构中气孔稳定性、二面角和周围晶粒数之间的计算关系。随着二面角的增大,气孔收缩所需要的孔径与晶粒尺寸的相对比值增大。由于周围晶粒的数量正比于孔与晶粒表面积的比值,所以周围晶粒的数量可以表示为孔径与晶粒尺寸之比的函数。对于周围晶粒数最接近14的十四面体晶粒,由于孔径($2r$)与晶粒尺寸(G)之比为1,周围晶粒数量为14。在这种情况下,可认为二面角是120°。如果 $2r/G = 2$,则周围晶粒数为 $14 \times 4 = 56$。图10.3给出了亚稳孔的二面角随孔径与晶粒尺寸之比的变化关系。

　　在二面角一般为150°左右[即 $\gamma_b \approx (1/3)\gamma_s \sim (1/2)\gamma_s$]的实际粉末压坯

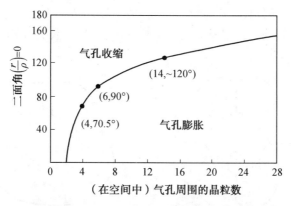

图 10.2　气孔稳定性条件:气孔稳定性的二面角随孔周围晶粒数的变化

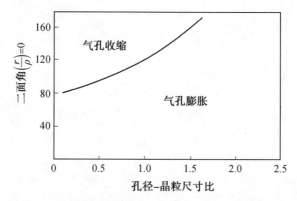

图 10.3　气孔稳定性条件:气孔稳定性的二面角随孔径与晶粒尺寸之比的变化

中,小于平均晶粒的气孔满足收缩条件,而大于晶粒尺寸几倍的气孔则不能收缩。所以,在实际系统中,烧结过程中大孔比小孔更为常见。上述关于气孔稳定性的讨论表明,除了气孔发生聚集之外,大孔具有较高稳定性,这也可能是许多烧结压坯中大孔存在的另一原因。气孔稳定性的概念进一步强调了粉末压坯中颗粒均匀堆积对致密化的重要性。在这方面,施加压力过程中可能发生的颗粒重排是压力辅助烧结的另一个优势,因为它可以消除压坯中特别大的孔。

根据气孔稳定性的概念(图 10.1~10.3),在开始时不能收缩的孔,也可能会随着晶粒长大而变得满足其收缩条件。这意味着如果压坯含有大孔,晶粒长大必有助于致密化。Xue 认为即使是异常晶粒长大,也可能导致大孔的收缩(图 10.4)。如图 10.4(b)所示,以前本来不满足收缩条件的孔(图 10.4

（a）），会在异常晶粒长大后收缩。但是，关于异常晶粒长大的这种贡献是否符合实际仍存在疑问。但显然，与经典理解相反，晶粒长大并不总是不利于致密化的。

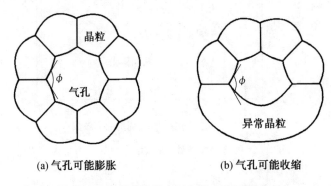

(a) 气孔可能膨胀　　　　　　(b) 气孔可能收缩

图 10.4　异常晶粒长大对气孔收缩可能有利

第 11 章　多孔材料的晶粒长大和致密化

随着烧结的进行,压坯的密度和晶粒尺寸都在增大。由于致密化和晶粒长大同时发生,如果要理解烧结过程中的显微组织演变,则必须考虑它们之间的相互作用。本章从固相烧结后期显微组织演变的角度,解释致密化与晶粒长大之间的相互作用。

11.1　孤立孔的迁移率

在烧结后期,气孔主要存在于晶界处,特别是在三叉晶界处。该烧结后期的显微组织表明,随着晶粒的长大,气孔与晶界一起移动,同时,晶界处的气孔对晶粒长大有抑制作用。如果气孔被认为是二面角为 180° 的第二相(见 6.2 节),则半径为 r 的气孔对晶界迁移的最大阻力 F_p^d,即作用在气孔上的力,为 $\pi r \gamma_b$。气孔只要附着在晶界上并随晶界一起移动,那么气孔迁移速率 v_p 可表示为

$$v_p = M_p F_p \tag{11.1}$$

式中,M_p 是气孔迁移率,其取决于气孔迁移的机理。

气孔迁移机理包括表面扩散、晶格扩散、气体扩散和蒸发/凝聚,如图 11.1 所示。在晶界迁移的毛细驱动力作用下,气孔周围移动晶界前沿的原子处于压缩状态,而晶界后方的原子处于拉伸状态。这种应力分布导致两个区域之间的原子的化学势不同,并引起原子从压缩区域传输到拉伸区域。假设 F_p 为作用在孔上的力,F_a 为作用在原子上的力,则

$$F_p \mathrm{d}x \approx F_a \frac{\pi r^2 \mathrm{d}x}{\Omega} 2r \tag{11.2}$$

式中,Ω 是原子体积。

对于通过原子表面扩散进行的气孔迁移,材料从气孔前沿向气孔后方的传输速率 $\mathrm{d}V/\mathrm{d}t$ 表示为

$$\frac{\mathrm{d}V}{\mathrm{d}t} = \pi r^2 \frac{\mathrm{d}x}{\mathrm{d}t} = JA\Omega = N_v \frac{D_s}{kT} F_a A\Omega = \frac{D_s}{kT} 2\pi r \delta_s F_a \tag{11.3}$$

式中,N_v 是单位体积的原子数;δ_s 是发生扩散的表面层的厚度。

然后,气孔迁移率 $\mathrm{d}x/\mathrm{d}t$ 为

$$\frac{\mathrm{d}x}{\mathrm{d}t} = v_p = \frac{2D_s\delta_s}{kTr}F_a = \frac{2D_s\delta_s}{kTr}\left(\frac{\Omega}{2\pi r^3}F_p\right) = \frac{D_s\delta_s\Omega}{\pi r^4 kT}F_p \qquad (11.4)$$

因此，通过表面扩散的气孔迁移率 M_p^s 表示为

$$M_p^s = \frac{D_s\delta_s\Omega}{\pi r^4 kT} = \frac{D_s\delta_s V_m}{\pi r^4 RT} \qquad (11.5)$$

该方程表明，迁移率与孔径的四次方成反比。

　　类似地，可以计算其他机理的气孔迁移率，见表 11.1。对于晶格扩散和气体扩散，迁移率与孔径的立方成反比。对于蒸发／凝聚，孔径的平方影响气孔的迁移率。这些气孔迁移机理实际上就是烧结初期，只发生颈部生长而不产生致密化收缩的机理。因此，气孔迁移率对孔径的依赖性与亨利理论预测的相同（见 4.4.1 节）。此外，这些机理可在任何系统中同时起作用。但是主导机理可随实验条件而变化，如孔径和温度，正如在烧结图中的情况。例如，表面扩散的贡献随着孔径减小而增大。

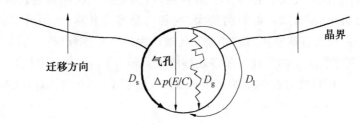

图 11.1　晶界上气孔的可能迁移机理

表 11.1　多孔系统中气孔的迁移率

迁移机理	迁移率 M_p
表面扩散	$M_p^s = \dfrac{D_s\delta_s\Omega}{\pi r^4 kT} \propto \dfrac{1}{r^4}$
晶格扩散	$M_p^l = \dfrac{D_l D_l \Omega}{\pi r^3 kT} \propto \dfrac{1}{r^3}$
气体扩散	$M_p^g = \dfrac{D_g p_\infty \Omega^2}{2\pi r^3 (kT)^2} \propto \dfrac{1}{r^3}$
蒸发／凝聚	$M_p^{e/c} = \dfrac{p_\infty \Omega^2}{\sqrt{2mr^2}}\left(\dfrac{1}{\pi kT}\right)^{3/2} \propto \dfrac{1}{r^2}$

11.2　气孔迁移与晶粒长大

当晶界处有气孔时,晶界迁移的净驱动力是无孔晶界的驱动力与气孔对晶界迁移阻力之差。那么晶界迁移速率 v_b 表示为

$$v_b = M_b(F_b - NF_p) \tag{11.6}$$

式中,M_b 是晶界迁移率;N 是单位晶界面积的气孔数。

对于晶界和气孔的共同迁移,有

$$v_b = v_p = M_p F_p = M_b(F_b - NF_p) \tag{11.7}$$

因此

$$v_b = \frac{M_b}{1 + N(M_b / M_p)} F_b \tag{11.8}$$

从式(11.8)可以考虑两个极端情况,$NM_b \gg M_p$ 和 $NM_b \ll M_p$。

(1)$NM_b \gg M_p$ 的条件适用于含有(许多)低迁移率气孔的系统,即气孔迁移控制晶界迁移,有

$$v_b = \frac{M_p}{N} F_b \equiv M_b^p F_b \tag{11.9}$$

(2) 对于(少量)具有高迁移率的气孔,满足 $NM_b \ll M_p$,此时,晶界迁移受其本征迁移率控制(晶界控制),而气孔不影响晶界迁移,v_b 降低至

$$v_b = M_b F_b \tag{11.10}$$

当 M_b 等于式(11.8)中的 M_p/N 时,晶界迁移率与气孔迁移率相同(等迁移率)。对于任何一种气孔迁移机理,都可以计算出晶粒尺寸与气孔尺寸关系图中的等迁移率条件。例如,考虑由表面扩散控制的气孔迁移。在这种情况下,对于没有杂质偏析的晶界,气孔迁移率为 $M_p = (D_s \delta_s \Omega)/(\pi r^4 kT)$,晶界迁移率为 $M_b = D_b^\perp/kT$。如果 N 与每个晶粒的晶界面积成反比,并表示为晶界上每个原子的孔数,则有

$$N \propto \frac{a^2}{G^2} \tag{11.11}$$

式中,G 是晶粒尺寸;a^2 是原子面积。

为了满足式(11.11),在晶粒长大过程中,孔径分布必须恒定,并且每个晶粒含有的气孔数恒定。当气孔具有足够的流动性以至于不被夹在晶粒内时,气孔数与晶粒数之比被认为是恒定的,并且上述假设是可以接受的。由于 N 表示为每个原子的气孔数,因此 F_b 表示为每个原子的力,并且有

$$F_b = a^2 \Delta P = a^2 \frac{2\gamma_b}{\beta G} \qquad (11.12)$$

式中,β 是由晶界的实际曲率确定的常数。

然后,从等迁移率的 $NM_b = M_p$,得到

$$G = r^2 \sqrt{\frac{D_b^\perp a^2 \pi}{D_s \delta_s \Omega}} = r^2 \sqrt{\frac{D_b^\perp \pi}{D_s \delta_s a}} \qquad (11.13)$$

该式显示在 $\log G$ 对 $\log r$ 的图中(图 11.2),等迁移率线的斜率为 2。

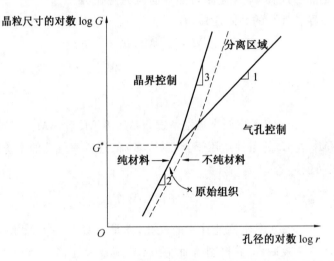

图 11.2　当气孔通过表面扩散迁移时,气孔 / 晶界相互作用的类型对显微组织参数(孔径和晶粒尺寸) 的依赖性

11.3　气孔 / 晶界分离

当发生气孔与晶界分离(气孔 / 晶界分离) 时,气孔将被包裹在晶粒内部,并且不能通过烧结甚至热等静压来消除。因此,气孔 / 晶界分离标志着烧结致密化的极限。当晶界迁移速率高于气孔迁移速率时,就会发生分离。对于气孔和晶界共同迁移的情况,由式(11.1)

$$v_p = M_p F_p$$

和式(11.7)

$$v_b = v_p = M_p F_p = M_b (F_b - N F_p)$$

可知当满足下列条件时,会发生气孔 / 晶界分离:

$$v_p\left(1 + N\frac{M_b}{M_p}\right) < M_b F_b$$

$$F_b > \left(\frac{M_p}{M_b} + N\right)F_p \qquad (11.14)$$

对于气孔／晶界分离，可以考虑两种极端情况：

(1)$M_p < NM_b$；

(2)$M_p > NM_b$。

情况(1)对应于在烧结后期开始时具有(许多)大孔的系统。然而，随着致密化的进行，气孔对晶界迁移的阻力减小并且发生分离。分离条件为 $F_b > NF_p$，并且满足下列条件时发生分离：

$$a^2\,\frac{2\gamma_b}{\beta G} > \frac{a^2}{G^2}\pi r\gamma_b, \quad G > \frac{\beta\pi r}{2} \qquad (11.15)$$

此条件对应于齐纳条件(见 6.2 节)。

情况(2)适用于具有(少量)高移动性气孔和低速晶界的系统。当晶粒长大并且晶界迁移速率变慢时，分离的气孔可以重新附着在晶界上并跟随晶界一起移动，直到满足此条件气孔才被分离，分离条件为 $F_b > (M_p/M_b)F_p$。对于通过表面扩散进行的气孔迁移，分离条件变为

$$a^2\,\frac{2\gamma_b}{\beta G} > \frac{D_s\delta_s\Omega kT}{\pi r^4 kTD_b^{\perp}}\pi r\gamma_b, \quad G < \frac{2a^2}{\beta}\frac{D_b^{\perp}r^3}{D_s\delta_s\Omega} \qquad (11.16)$$

如果晶界不纯并有溶质偏析，必须为 M_b 插入项 $1/\alpha C_\infty$(式(7.14))，而不是 $D_b^{\perp}/kT$。

到目前为止，基于球形气孔且其形状在迁移过程中不变的假设对气孔迁移率、晶粒长大和气孔／晶界分离进行了分析。然而，实际上，气孔的形状不是球形并且随着晶界的迁移而变化。Evans 和同事在理论上分析了由气孔控制的晶界迁移，他们的分析考虑了迁移过程中气孔和晶界形状的变化。特别地，他们考虑了表面扩散控制的气孔迁移，并且计算了作为二面角 ϕ 函数的气孔形状和气孔迁移速率。发现稳态时的峰值气孔迁移速率 v_p 表示为

$$v_p \approx \frac{\gamma_s D_s\delta_s\Omega}{kTr^3}(17.9 - 6.2\phi) \equiv \frac{\gamma_b D_s\delta_s\Omega}{kTr^3}\frac{(17.9 - 6.2\phi)}{2\cos(\phi/2)} \qquad (11.17)$$

后来，对于各种类型的气孔，Svoboda 和 Riedel 更加严格地研究了气孔的形状、气孔迁移和晶粒粗化。预测的扁平气孔的形状变化与 Rödel 和 Glaeser 的实验观察一致。除了一个取决于二面角的数值常数外，孤立气孔的迁移速率也被推导为类似于式(11.17)。

式(11.17)表明，气孔迁移速率的峰值随着二面角的减小而增加，并且最

好超过唯象模型对球形气孔的预期值达一个数量级。另外,当二面角接近 180°时,峰值速率急剧下降,并且可以是负值。该结果意味着在稳定状态下, 二面角接近180°的气孔不能与晶界一起移动,并且最终会与晶界分离。该结 果是合理的,因为对于 $\phi = 180°$ 的球形气孔,以零能量位于晶界上没有任何偏 好。但是,除数值常数之外,对于 $\phi < 180°$ 的实际气孔,其峰值迁移速率与唯 象模型的峰值速率相同。因此,模型的物理意义是相同的。

图 11.2 描绘了当气孔通过表面扩散迁移时,发生气孔 / 晶界分离(式 (11.15)和式(11.16))的计算条件,以及在对数刻度的晶粒尺寸—孔径图上 的等迁移率线。发生气孔 / 晶界分离的最小晶粒尺寸 G^*,被确定为气孔 / 晶 界分离条件的两条线相交的点。对于表面扩散控制的晶界迁移,G^* 表示为

$$G^* = \sqrt{\frac{\beta^4 \pi^3 D_s \delta_s \Omega}{16 D_b^\perp a^2}} \tag{11.18}$$

可见 G^* 与气孔迁移率的平方根成正比,而与晶界迁移率的平方根成反 比。为了减少气孔 / 晶界分离的机会,应改善相对于晶粒长大的致密化或应 该增加 G^*。致密化的改善意味着 D_l 或 $D_b^\parallel$ 升高,而 D_s 降低。另外,通过减小 $D_b^\perp$ 和增加 D_s 可以实现 G^* 的增加。通过改变温度或添加适当的掺杂剂,可 以实现扩散系数的改变。特别是添加具有高晶界偏析的掺杂剂,有助于降低 $D_b^\perp$ 而不会损失烧结性(图 11.2)。然而,掺杂剂的次要效应,如晶界能和表面 能的变化,以及它们的各向异性,可能会主导整体烧结动力学。式(11.18)和 式(11.5)的比较表明,在烧结初期低 D_s 可以抑制晶粒长大,而在烧结后期一 个相反的需求,高 D_s 能够减少气孔 / 晶界分离的机会。对同一变量这样两个 相反的要求,显示了烧结的复杂性和难度。

烧结过程中的显微组织演变,可以用 $\log G - \log r$ 图上初始显微组织的 演变轨迹来表示,如图 11.2 所示。这样的轨迹给出了烧结过程中孔径和晶粒 尺寸的变化信息。但是,由于烧结密度比孔径具有更实际的意义,因此在晶 粒尺寸—致密度图上可以更好地表示显微组织的演变,如图 11.3 所示。在这 种情况下,由齐纳条件确定的气孔 / 晶界分离线出现在分离区域的左侧,并且 致密化轨迹的方向与图 11.2 中的方向相反。

对于气孔迁移率、气孔控制的晶粒长大和气孔 / 晶界分离的显微组织演 变问题,除理论研究(图 11.2 和图 11.3)之外,还进行了相关的实验研究。特 别是,Rödel 和 Glaeser 使用光刻技术在 Al_2O_3 单晶和多晶之间制作了尺寸和 形状可控的模型孔,研究了气孔迁移率和气孔 / 晶界分离,他们通过实验证实 了烧结过程中显微组织演变的理论分析和认识。

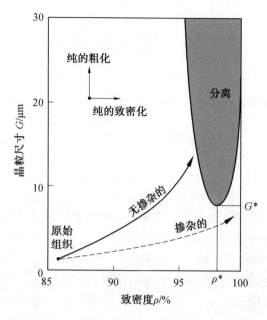

图 11.3　以晶粒尺寸对密度的关系图来表示显微组织演变示意图

11.4　多孔压坯的显微组织演变

烧结后期显微组织演变的特征是致密化和气孔拖拽晶粒长大。因此,显微组织演变由相对致密化速率 $((1/\rho)(\mathrm{d}\rho/\mathrm{d}t))$ 和相对晶粒长大速率 $((1/G)(\mathrm{d}G/\mathrm{d}t))$ 决定,二者都受致密化机理和晶粒长大机理的影响。在气孔迁移控制了晶界迁移的条件下,通过晶格扩散或晶界扩散进行致密化,同时通过表面扩散、气相传输或晶格扩散实现晶粒长大。根据对晶粒尺寸的依赖性,显微组织演变可分为三种不同的类型。假设 m 为致密化过程中的晶粒尺寸的指数,n 为晶粒长大过程中的晶粒尺寸指数,那么这三种类型是:$m < n$、$m = n$ 和 $m > n$,如以下示例所示。

11.4.1　情况 I:$m < n$

实例:通过晶格扩散致密化和通过表面扩散晶粒长大。

1.致密化[①]

$$\frac{1}{\rho}\frac{\mathrm{d}\rho}{\mathrm{d}t} \propto \frac{D_l\gamma_s V_m (1-\rho)^{1/3}}{RTG^3\rho} \tag{11.19}$$

2.晶粒长大

$$v_b = \frac{\mathrm{d}G}{\mathrm{d}t} = \frac{M_p}{N}F_b = \frac{D_s\delta_s V_m}{\pi r^4 RT}\frac{G^2}{a^2}\frac{2\gamma_b a^2}{\beta G} = \frac{2\gamma_b D_s\delta_s V_m G^2}{\beta\pi r^4 RTG}$$

$$r^3 \propto 气孔率 \times G^3 = (1-\rho)G^3$$

所以

$$\frac{1}{G}\frac{\mathrm{d}G}{\mathrm{d}t} \propto \frac{D_s\delta_s\gamma_b V_m}{RTG^4(1-\rho)^{4/3}} \tag{11.20}$$

图 11.4(a) 是相对致密化速率和晶粒长大速率随晶粒尺寸变化的图例。在较小的晶粒尺寸下,晶粒长大对致密化起主导作用。基于 $m < n$ 情况下推导的式(11.19) 和式(11.20) 中的晶粒尺寸依赖性,这是显而易见的[②]。

因此,快速的晶粒长大降低了使用细粉促进致密化的优势。另外,由于致密化时间与粉末颗粒尺寸的立方(G^3)成正比,因此也不希望使用粗粉。在促进致密化方面,增加相对致密化速率同时降低 G^* 是有用的,如图 11.4(b)所示。

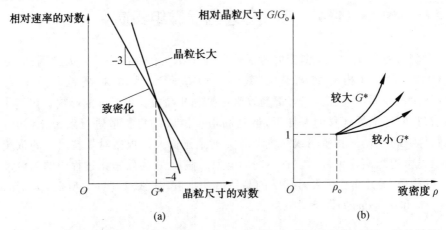

(a)　　　　　　　　　　　　(b)

图 11.4　(a) 相对致密化速率和晶粒长大速率与晶粒尺寸的关系,以及(b) 通过晶格扩散控制致密化和通过表面扩散控制晶粒长大情况下的显微组织演变

----

①　在此,对于通过晶格扩散致密化,采用式(5.9) 代替式(5.8)(Coble 方程)。

②　只有在致密度给定的条件下,速率的对数与 G 的对数的简单比较才有意义,因为 G 和 ρ 是相互关联的。对于相互关联的致密化和晶粒长大,常规的比例定律(第11.5节)需要做相应的修正。

为了减小 G^* $[\propto (D_s\,\delta_s\gamma_b/D_1\gamma_s)]$，必须减小 D_s/D_1 和 γ_b/γ_s。然而，随着 G^* 的减少，气孔 / 晶界分离的区域扩大，并且容易发生气孔 / 晶界分离。因此，针对这种情况，要求对相关公式进行优化。

11.4.2　情况 Ⅱ：$m=n$

实例：通过晶界扩散致密化与通过表面扩散晶粒长大。

1. 致密化

$$\frac{1}{\rho}\frac{\mathrm{d}\rho}{\mathrm{d}t}\propto\frac{D_b\,\delta_b\gamma_s V_m}{RTG^4\rho} \tag{11.21}$$

2. 晶粒长大

$$\frac{1}{G}\frac{\mathrm{d}G}{\mathrm{d}t}\propto\frac{D_s\,\delta_s\gamma_b V_m}{RTG^4\,(1-\rho)^{\,4/3}}$$

在这种情况下，由于 $m=n$，所以，相对晶粒长大速率与相对致密化率之比 $[\Gamma=(1/G)(\mathrm{d}G/\mathrm{d}t)/(1/\rho)(\mathrm{d}\rho/\mathrm{d}t)]$ 与晶粒尺寸无关（图 11.5(a)）。图 11.5(b) 是相对速率比值（Γ）较小和较大两种不同情况下的烧结轨迹示意图。

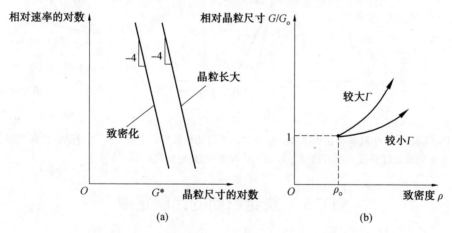

图 11.5　（a）相对致密化速率和晶粒长大速率与晶粒尺寸的关系及（b）通过晶界扩散控制致密化和通过表面扩散控制晶粒长大情况下的显微组织演变
（Γ 是相对长大速率与相对致密化速率的比值）

11.4.3　情况 Ⅲ：$m>n$

实例：通过晶界扩散致密化与通过蒸发 / 凝聚晶粒长大。

1. 致密化

$$\frac{1}{\rho}\frac{\mathrm{d}\rho}{\mathrm{d}t} \propto \frac{D_\mathrm{b}\,\delta_\mathrm{b}\gamma_\mathrm{s}V_\mathrm{m}}{RTG^4\rho}$$

2. 晶粒长大

$$\frac{1}{G}\frac{\mathrm{d}G}{\mathrm{d}t} \propto \frac{p_\infty\,\Omega^2}{\sqrt{m}}\left(\frac{1}{\pi kT}\right)^{3/2}\frac{\gamma_\mathrm{b}}{G^2\,(1-\rho)^{2/3}} \tag{11.22}$$

当 $m>n$ 时,尺寸较大的晶粒长大对致密化起主导作用(图 11.6(a))。图 11.6(b) 与图 11.4(b) 正好相反。对于具有高蒸气压的材料烧结,例如强共价键的 Si_3N_4 和 SiC,使用细粉原料有利于在烧结后获得致密和细小的显微组织。

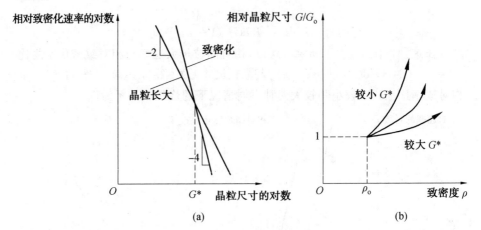

图 11.6　(a) 相对致密化速率和晶粒长大速率与晶粒尺寸的关系,(b) 通过晶界扩散控制致密化和通过蒸发／凝聚控制晶粒长大情况下的显微组织演变

11.5　烧结后期的比例定律

在烧结后期,颗粒(或晶粒)尺寸对显微组织的影响并不像在初期那样简单。在假设没有晶粒长大的初期,颈部生长和样品收缩仅取决于初始颗粒尺寸,并且它们之间的关系遵循亨利定律(见 4.4.1 节)。在后期由于晶粒长大和致密化同时发生,因此初始晶粒尺寸和晶粒长大动力学都影响致密化。因此,对于具有相似显微组织的两个烧结压坯,即使具有相同的气孔数量和位置以及相同的孔径与晶粒尺寸之比,达到相同密度或晶粒尺寸的时间也可能会有所不同,取决于其他现象的普通机制。致密化和晶粒长大对晶粒尺寸依赖性一般是不同的。

所以,为了建立烧结后期致密化和晶粒长大的比例定律,必须考虑两种现象之间的相互作用。为简单起见,可以做以下假设:

(1) 在烧结过程中,致密化和晶粒长大的机制不变,就像亨利定律一样;

(2) 平均到每个晶粒的气孔数量和气孔类型不发生变化(后来实验证明,如果气孔没有被包裹在晶粒内部,则气孔的数量和类型几乎不变);

(3) 没有发生气孔 / 晶界分离。

对于平均每个晶粒含有气孔的数量不变的情况,致密化和晶粒长大方程采用以下形式(表 11.2):

$$\frac{1}{\rho}\frac{\mathrm{d}\rho}{\mathrm{d}t}=\frac{K_1\,(1-\rho)^k}{G^m\rho} \tag{11.23}$$

和

$$\frac{1}{G}\frac{\mathrm{d}G}{\mathrm{d}t}=\frac{K_2}{G^n\,(1-\rho)^{\,l}} \tag{11.24}$$

式中,K_1 和 K_2 是包含各种参数的常数(如扩散率、表面能、温度和摩尔体积);k、l、m 和 n 是指数。

式(11.23)来自晶格扩散方程(5.9)和晶界扩散方程(5.10)。结合式(11.23)和式(11.24),则

$$\frac{\mathrm{d}\rho}{\mathrm{d}G}=\left(\frac{K_1}{K_2}\right)G^{n-m-1}\,(1-\rho)^{k+l} \tag{11.25}$$

表 11.2　烧结后期的致密化和晶粒长大的速率方程

相对致密化速率	相对晶粒长大速率				
$\left(\dfrac{1}{\rho}\dfrac{\mathrm{d}\rho}{\mathrm{d}t}\right)=\dfrac{K_1\,(1-\rho)^{\,k}}{G^m\rho}$	$\left(\dfrac{1}{G}\dfrac{\mathrm{d}G}{\mathrm{d}t}\right)=\dfrac{K_2}{G^n\,(1-\rho)^{\,l}}$				
晶格扩散	晶界扩散	表面扩散	气相扩散	蒸发 / 凝聚	晶界迁移
$\dfrac{K_{11}D_l\gamma_sV_m\,(1-\rho)^{\,1/3}}{RTG^3\rho}$	$\dfrac{K_{12}D_b\delta_b\gamma_sV_m}{RTG^4\rho}$	$\dfrac{K_{21}D_s\delta_s\gamma_bV_m}{RTG^4\rho(1-\rho)^{4/3}}$	$\dfrac{K_{22}D_g p_\infty\gamma_bV_m^{\,2}}{(RT)^{\,2}G^3(1-\rho)}$	$\dfrac{K_{23}p_\infty\,\Omega^2}{\sqrt{m}}\dfrac{1}{(\pi kT)^{3/2}}\dfrac{\gamma_b}{G^2\,(1-\rho)^{2/3}}$	$\dfrac{K_{24}D_b^\perp\gamma_bV_m}{\omega RTG^2}$

当烧结从初始密度 ρ_0 和初始晶粒尺寸 G_0 进行到密度为 ρ 和晶粒尺寸为 G 时,满足下面的方程:

$$\int_{\rho_0}^{\rho}\frac{\mathrm{d}\rho}{(1-\rho)^{k+l}}=\left(\frac{K_1}{K_2}\right)\int_{G_0}^{G}G^{n-m-1}\mathrm{d}G \tag{11.26}$$

该方程的解析解即为 $G-\rho$ 关系曲线,如图 11.3 所示,图中显示了烧结过程中显微组织演变的本质(见 11.4 节)。当把式(11.26)的解析解代入式(11.23)和式(11.24)中时,$\mathrm{d}\rho/\mathrm{d}t$ 能够被简化成 ρ 的函数,而 $\mathrm{d}G/\mathrm{d}t$ 可被简化为 G 的函

数。因此,可以定量预测晶粒尺寸对致密化和晶粒长大的影响。

根据表 11.2 中的致密化和晶粒长大的晶粒尺寸指数分别为 m 和 n,致密化和晶粒长大的相互关系可以分为以下三种不同类型,如 11.4 节所述:

(1)$m = n$;

(2)$m < n$;

(3)$m > n$。

11.5.1　情况 Ⅰ:$m = n$

这种情况适用于致密化的晶粒尺寸指数和晶粒长大的晶粒尺寸指数相等的系统,如通过晶界扩散进行致密化和通过表面扩散进行长大($m = n = 4$)的情形,或者通过晶格扩散进行致密化以及通过气体扩散进行长大($m = n = 3$)的情形。由于晶粒尺寸对相对致密化的影响与对相对晶粒长大的影响相同,因此,对于致密化和晶粒长大,晶粒尺寸依赖性是相同的。当颗粒尺寸增加 λ 倍时,相同致密化程度所需的时间增加 $\lambda^m (=\lambda^n)$ 倍,而达到相同程度的晶粒长大所需的时间增加 $\lambda^n (=\lambda^m)$ 倍。

11.5.2　情况 Ⅱ 和 Ⅲ:$m \neq n$ ($m < n$ 和 $m > n$)

$m \neq n$ 系统的例子有通过晶格扩散致密化和通过表面扩散长大的系统($m < n$),以及通过晶格扩散致密化和通过晶界扩散(D_b^j)长大的系统($m > n$)。由于晶粒尺寸对致密化和长大的影响是不同的,因此尺寸效应不像情况 Ⅰ 那样简单。使用式(11.23)、式(11.24) 和式(11.26) 可以计算致密化和长大的比例定律中的比例指数 α,但 α 不仅随初始和最终条件明显变化,而且随其他各种物理参数变化也很大。图 11.7 中的示例显示了在晶格扩散控制致密化和表面扩散控制晶粒长大的烧结过程中,α 随系统参数的变化。 根据 $[(D_l \gamma_s G_o / D_s \delta_s \gamma_b)]$ 的值,α 的取值在 $0 \sim 3$ 之间。但是,实际上 $\alpha = 0$ 是不可能的,因为在这种条件下,晶粒长大远远超过致密化,并且基本上没有致密化结果。对于这样的一个系统,无论其他参数如何,长大指数的取值都略大于 4。对于通过晶格扩散进行致密化和通过蒸发 / 凝聚进行长大的系统,致密化指数也在 $0 \sim 3$ 之间;但是,长大指数是常数(约为 2),与表面扩散控制长大的情况相同。因为致密化指数随初始条件和最终条件以及系统参数而变化,所以,烧结后期的比例定律不会像亨利定律那样简单。为了预测实际系统中晶粒尺寸对致密化的影响,在使用式(11.23)、式(11.24) 和式(11.26) 时,必须充分考虑具体的实验条件。

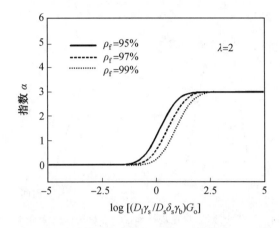

图 11.7　烧结后期,致密化指数 α 随系统参数的变化
(假设通过晶格扩散控制致密化从 90% 致密度增加到 ρ_f,并且通过表面扩散控制晶粒长大)

11.6　加热方式的改进和显微组织演变

改善加热方式能够促进粉末压坯烧结。典型的例子是快速烧结和控制加热速率烧结。

11.6.1　快速烧结

采用快速烧结技术抑制晶粒长大和促进致密化是由 Brook 等最早提出的。图 11.8 是传统烧结、快速烧结和控制加热速率烧结采用的加热方式示意图,详情将在 11.6.2 节中进行讲解。快速烧结是一种加热速率比传统烧结快得多的烧结技术,可用于烧结致密化激活能 Q_d 高于晶粒长大激活能 Q_g 的任何压坯(图 11.9)。当 Q_d 大于 Q_g 时,致密化速率与晶粒长大速率之比随温度升高而增加。然后,通过快速加热压坯,可以把加热过程中发生的晶粒粗化降低到最小。这样,采用较高的烧结温度(比传统烧结温度高)也能提高致密化速率(相对于晶粒长大速率)。

快速烧结的适用性已在几种系统中得到证实,如 Al_2O_3、$BaTiO_3$、Al_2O_3-TiC 和 ZrO_2。尤其是采用快速烧结技术,在无压烧结条件下也能制备出通常采用热压烧结才可以制备的 Al_2O_3-TiC 复合材料,快速烧结能够允许压坯快速致密化并抑制 TiC 分解。在快速烧结中,快速加热产生的热震、黏结剂排除不充分、吸附杂质等问题的影响必须降至最低。为此,一般需要把粉末压坯

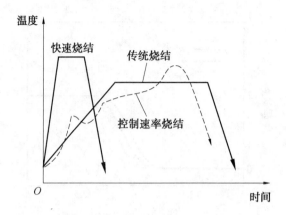

图 11.8　传统烧结、快速烧结和控制加热速率烧结加热工艺

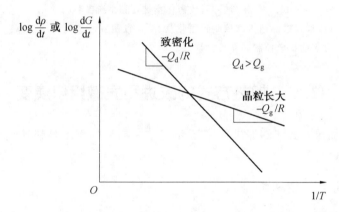

图 11.9　$Q_d > Q_g$ 材料的致密化速率和晶粒长大速率随温度的变化关系

在低温区保温较长时间,随后迅速把温度升高几百摄氏度,加热到快速烧结温度。快速烧结法获得的显微组织比传统烧结显微组织要细,但是由于致密化不均匀,有时会产生显微组织不均匀现象。特别是对于液相含量较低的液相烧结,液相在压坯中心聚集的趋势增加,这种显微组织不均匀的现象在烧结过程中能够持续较长时间。

11.6.2　控制加热速率的烧结

根据预定的致密化速率控制加热速率和温度的控制速率烧结技术,是由Huckabee 和 Palmour Ⅲ提出的。该烧结技术需要在加热期间预先确定所需的致密化速率。然后通过自动控制加热速率来实现设定的致密化速率。因此,控制速率烧结与传统恒定升温速率烧结不同,如图 11.8 所示,其加热工艺过程将随所烧结系统及所用原料的变化而变化。

　　与传统恒定升温速率烧结不同,控制速率烧结涉及改变加热过程,以控制加热过程中的显微组织变化。Huckabee 和 Palmour Ⅲ 采用控制速率烧结技术制备的 MgO 掺杂 Al_2O_3 陶瓷,其晶粒尺寸比传统烧结 Al_2O_3 陶瓷的晶粒尺寸更细。但是,这种显微组织细化的优势,在其他系统中却鲜有报道。该技术的实际作用,在于避免了加热阶段可能发生的潜在问题。例如,有可能在最佳条件下消除吸附的气体或挥发性材料。

习　　题

　　4.1　在任何二面角 $\phi < 180°$ 的实际系统中,对于孤立的气孔,其具有一个尺寸相对于晶粒尺寸的临界尺寸,大于该临界尺寸的孤立孔无法通过无压烧结(大气压烧结)收缩。该结果也可以用孤立气孔的曲率或总界面能来解释。两种解释之间有根本区别吗?请讨论。

　　4.2　实际粉末压坯,如果二面角很大,在烧结初期和后期各意味着什么?

　　4.3　在多晶材料中,气孔的稳定性取决于孔径与晶粒尺寸的相对大小,以及表面能与晶界能的相对比值。在没有晶界的玻璃中,气孔能稳定吗?请讨论。

　　4.4　假设一个孤立的气孔,通过原子的晶格扩散和表面扩散随晶界一起迁移。请画出气孔迁移速率随孔径变化的示意图,并加以说明。假设晶界迁移的驱动力是恒定的。

　　4.5　请推导通过气体扩散和蒸发/凝聚机制进行的气孔迁移的方程。

　　4.6　对于通过气体扩散机制进行的气孔迁移(运动),孔径对气孔迁移速率的影响是什么?假定气孔中的气压与气孔毛细管压力处于平衡状态。

　　4.7　当晶界处的气孔通过蒸发/凝聚机理迁移时,气孔迁移率与气孔半径的平方成反比。在具有相同气孔率的两个不同样品中,半径为 r_1 和半径为 r_2 的气孔的迁移速率之比是多少?假设两个样品的晶粒长大驱动力相同。

　　4.8　(1)球形气孔对晶界迁移的最大阻力是什么?假设晶界能不等于零且恒定不变。

　　(2)如果二面角随着固/气界面能的减少而减小,那么气孔迁移的阻力随二面角发生怎样的变化?假定气孔体积是不变的。

　　(3)对于采用表面扩散机制进行的气孔迁移,解释二面角减小时气孔迁移速率(迁移率)的变化。假设晶界迁移的驱动力恒定。

4.9　假设气孔中气压恒定条件下,气体扩散影响晶粒长大,那么晶粒长大的激活能为多少?

4.10　描述烧结过程中抑制气孔/晶界分离的可能技术(尽可能多)。

4.11　假定某烧结系统中,通过晶格扩散发生的致密化和通过表面扩散发生的晶粒长大同时存在。考虑到烧结和粉末生产成本,如何确定原始粉末的最佳尺寸? 如果采用热压烧结压坯,那么最佳的粉末尺寸是否会有改变? 如果改变,如何变?

4.12　请叙述图 11.2 所示显微组织演变图所涉及的基本假设,并讨论它们的有效性。在烧结后期开始时,为了抑制晶粒长大同时提高致密化,应提供什么条件?

4.13　绘制烧结后期的 $\log G - \log r$ 图,并分以下两种情况进行解释:

(1)通过晶界扩散致密化和通过气体扩散晶粒长大;

(2)通过晶界扩散致密化和通过表面扩散晶粒长大。

4.14　如题 4.14 图所示,在粉末压坯的烧结后期,通过晶格扩散致密化,并且通过表面扩散晶粒长大。当将烧结温度从 T_1 提高到 T_2 时:

(1)题 4.14 图中的烧结致密度—晶粒尺寸关系将发生怎样的变化?

(2)气孔/晶界分离区域如何变化?

(3)相对致密化速率等于相对晶粒长大速率的临界晶粒尺寸会发生变化吗?

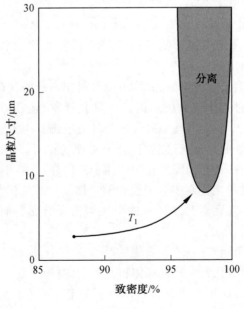

题 4.14 图

4.15　考虑通过晶格扩散致密化同时又通过气体扩散晶粒长大的系统，解释烧结温度对相对致密化速率和晶粒长大速率的影响。假设气孔中的气压不随温度变化。

4.16　初始颗粒尺寸为 5 μm 的 Al_2O_3 粉末压坯的显微组织演变轨迹如题 4.16 图所示。

(1)给出并解释另一种初始颗粒尺寸为 0.5 μm 的 Al_2O_3 粉末压坯的显微组织演变轨迹(假设通过晶界扩散(D_b)致密化同时通过表面扩散(D_s)晶粒长大)；

(2)如果掺杂剂的加入使 D_s 提高了 10 倍，请绘出颗粒尺寸为 5 μm 和 0.5 μm 的粉末压坯的显微组织演变轨迹；

(3)如果通过 D_b 发生致密化并且通过晶界的溶质阻力发生晶粒长大，那么颗粒尺寸为 0.5 μm 的粉末压坯的显微组织演变轨迹将是什么？将结果与(1)的结果进行比较。

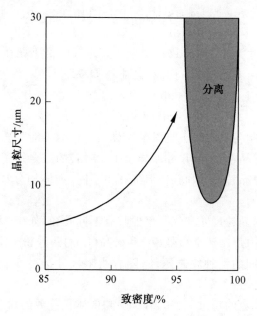

题 4.16 图

4.17　绘制 $G-\rho$ 关系图，并对以下两种粉末压坯进行解释：

(1)具有不同的生坯密度(低和高)；

(2)具有相同的生坯密度但具有不同的孔径分布(窄和宽)。

假定压坯是由相同的原始粉末制成的，并且通过晶格扩散致密化，通过表面扩散晶粒长大。

　　4.18　考虑两个半径大致相同的球形颗粒之间的晶界：在一种情况下，两个颗粒都是单晶；在另一种情况下，一个颗粒是多晶，而另一个是单晶。比较两种情况的颈部生长和晶粒长大。

　　4.19　讨论亨利定律是否适用于通过晶格扩散致密化且通过表面扩散晶粒长大的系统。假设所有气孔都在晶界处，并且烧结过程中每个晶粒的气孔数是不变的。

　　4.20　考虑通过晶格扩散致密化和通过表面扩散晶粒长大的系统。

　　(1)描述如何根据扩散率数据获得扩散激活能；

　　(2)确定一个理想的烧结工艺($T-t$ 关系曲线)，以提高致密化，同时使晶粒长大最小化。

　　4.21　根据研究在氧化铝粉体压坯烧结后期，致密化和晶粒长大分别遵循以下方程式：

$$\frac{d_\rho}{d_t}=\frac{733D_b\delta_b\gamma_s V_m}{G^4 RT} \text{ 和} \frac{dG}{dt}=\frac{110D_s\delta_s\gamma_b V_m}{G^3(1-\rho)^{4/3}RT}$$

绘制晶粒尺寸为 1 μm 且致密度为 0.9 的氧化铝压坯在 1 500 ℃烧结过程中的显微组织演变图（$G-\rho$ 曲线）。注意 $D_b\delta_b=8.6\times10^{-10}\exp(-418$ kJ/RT)m^3/s，$D_s\delta_s=1.26\times10^{-7}\exp(-493$ kJ/RT) m^3/s，$\gamma_s=0.71$ J/m^2，$\gamma_b=0.34$ J/m^2 和 $V_m=2.56\times10^{-5}$ m^3。

　　4.22　描述制备具有以下显微组织烧结块体的可能工艺：

　　(1)具有不同晶粒尺寸（尺寸差异至少 10 倍）的完全致密块体；

　　(2)具有相同晶粒尺寸和孔径但气孔率不同（如体积分数为 1％～5％）的块体；

　　(3)具有相同晶粒尺寸和气孔率但具有不同孔径（如 1～10 μm）的块体。

　　4.23　考虑由烧结活性极低(A)和极高(B)的两种粉末组成的粉末压坯。对于以下配比不同的两种粉末压坯，随着粉末尺寸的减小，对致密化率的变化有什么影响：

　　(1)高体积分数的粉末 A(90％以上)和低体积分数的粉末 B；

　　(2)高体积分数的粉末 B 和低体积分数的粉末 A。

　　4.24　在某些系统中，无论加热速率如何变化，当粉末压坯达到烧结温度时，烧结密度都大致相同，即所谓的"点密度"现象。请解释这种现象的可能原因。

参 考 文 献

[1] Choi, S.-Y. and Kang, S.-J. L., Sintering kinetics by structural transition at grain boundaries in barium titanate, Acta Mater., 52, 2937-43, 2004.

[2] Ashby, M. F., On interface-reaction control of Nabarro-Herring creep and sintering, Scripta Metall., 3, 837-42, 1969.

[3] Barrett, C. R., Nix, W. D. and Tetelman, A. S., The Principles of Engineering Materials, Prentice-Hall, Englewood Cliffs, New Jersey, 240-46, 1973.

[4] Early, J. G., Lenel, F. V. and Ansell, G. S., The material transport mechanism during sintering of copper-powder compacts at high temperatures, Trans. AIME, 230, 1641-50, 1964.

[5] Brett, J. and Seigle, L., The role of diffusion versus particle flow in the sintering of model compacts, Acta Metall., 14, 575-82, 1966.

[6] Maekawa, K., Nakada, Y. and Kimura, T., Origins of hindrance in densification of $Ag/Al_2 O_3$ composites, J. Mater. Sci., 37, 397-410, 2002.

[7] Kingery, W. D. and Francois, B., The sintering of crystalline oxides, I. Interactions between grain boundaries and pores, in Sintering and Related Phenomena, G. C. Kuczynski, N. A. Hooton and C. F. Gibbon (eds), Gordon and Breach, New York, 471-98, 1967.

[8] Lange, F. F. and Kellett, B., Influence of particle arrangement on sintering, in Science of Ceramic Chemical Processing, L. L. Hench and D. R. Ulrich (eds), Wiley, New York, 561-74, 1986.

[9] Xue, L. A., Thermodynamic benefit of abnormal grain growth in pore elimination during sintering, J. Am. Ceram. Soc., 72, 1536-37, 1989.

[10] Kingery, W. D. and Francois, B., Grain growth in porous compacts, J. Am. Ceram. Soc., 48, 546-47, 1965.

[11] Shewmon, P. G., The movement of small inclusions in solids by a temperature gradient, Trans. Metall. Soc. AIME, 230, 1134-37, 1964.

[12] Brook, R. J., Controlled grain growth, in Ceramic Fabrication Processes, F.

F. Y. Wang (ed.), Academic Press, New York, 331-64, 1976.

[13] Herring, C., Effect of change of scale on sintering phenomena, J. Appl. Phys., 21, 301-303, 1950.

[14] Nichols, F. A., Further comments on the theory of grain growth in porous compacts, J. Am. Ceram. Soc., 51, 468-69, 1968.

[15] Brook, R. J., Pore-grain boundary interactions and grain growth, J. Am. Ceram. Soc., 52, 56-57, 1969.

[16] Carpay, F. M. A., The effect of pore drag on ceramic microstructures, in Ceramic Microstructure '76, R. M. Fulrath and J. A. Pask (eds), Westview Press, Boulder, Colorado, 261-75, 1977.

[17] Thompson, A. M. and Harmer, M. P., Influence of atmosphere on final-stage sintering kinetics of ultra-high-purity alumina, J. Am. Ceram. Soc., 76, 2248-56, 1993.

[18] Kwon, S.-T., Kim, D.-Y., Kang, T.-K. and Yoon, D. N., Effect of sintering temperature on the densification of Al_2O_3, J. Am. Ceram. Soc., 70, C69-70, 1987.

[19] Hsuch, C. H., Evans, A. G. and Coble, R. L., Microstructure development during final/intermediate stage sintering I. pore/grain boundary separation, Acta Metall., 30, 1269-79, 1982.

[20] Spears, M. A. and Evans, A. G., Microstructure development during final/ intermediate stage sintering II. grain and pore coarsening, Acta Metall., 30, 1281- 89, 1982.

[21] Svoboda, J. and Riedel, H., Pore-boundary interactions and evolution equations for the porosity and the grain size during sintering, Acta Metall. Mater., 40, 2829- 40, 1992.

[22] Riedel, H. and Svoboda, J., A theoretical study of grain growth in porous solids during sintering, Acta Metall. Mater., 41, 1929-36, 1993.

[23] Rödel, J. and Glaeser, A. M., Pore drag and pore-boundary separation in alumina, J. Am. Ceram. Soc., 73, 3302-12, 1990.

[24] Glaeser, A. M., The role of interfaces in sintering: an experimental perspective, in Science of Ceramic Interfaces, J. Nowotny (ed.), Elsevier Science Publishing, New York, 287-322, 1991.

[25] Yan, M. F., Microstructural control in the processing of electronic ce-

ramics, Mater. Sci. Eng. , 48, 53-72, 1981.

[26] Brook, R. J. , Fabrication principles for the production of ceramics with superior mechanical properties, Proc. Brit. Ceram. Soc. , 32, 7-24, 1982.

[27] Harmer, M. P. , Use of solid-solution additives in ceramic processing, in Structure and Properties of MgO and Al$_2$O$_3$ Ceramics, W. D. Kingery (ed.), Am. Ceram. Soc. Inc. , Columbus, Ohio, 679-96, 1985.

[28] Handwerker, C. A. , Cannon, R. M. and Coble, R. L. , Final-stage sintering of MgO, in Structure and Properties of MgO and Al$_2$O$_3$ Ceramics, W. D. Kingery (ed.), Am. Ceram. Soc. Inc. , Columbus, Ohio, 619-43, 1985.

[29] Harmer, M. P. and Brook, R. J. , Fast firing—microstructural benefits, J. Br. Ceram. Soc. , 80, 147-48, 1981.

[30] Mostaghaci, H. and Brook, R. J. , Production of dense and fine grain size BaTiO$_3$ by fast firing, Trans. J. Br. Ceram. Soc. , 82, 167-70, 1983.

[31] Lee, M. , Borom, M. P. and Szala, L. E. , Rapid rate sintering of ceramics, U. S. Patent 4490319, 1984.

[32] Kim, D. H. and Kim, C. H. , Effect of heating rate on pore shrinkage in yttria-doped zirconia, J. Am. Ceram. Soc. , 76, 1877-78, 1993.

[33] Yoo, Y. -S. , Kim, J. -J. and Kim, D. -Y. , Effect of heating rate on the microstructural evolution during sintering of BaTiO$_3$ ceramics, J. Am. Ceram. Soc. , 70, C322-24, 1987.

[34] Huckabee, M. L. and Palmour III, H. , Rate controlled sintering of fine grained Al$_2$O$_3$, Am. Ceram. Soc. Bull. , 51, 574-76, 1972.

[35] Cannon, R. M. , Rhodes, W. H. and Heuer, A. H. , Plastic deformation of fine-grained alumina (Al$_2$O$_3$): I, interface controlled diffusional creep, J. Am. Ceram. Soc. , 63, 46-53, 1980.

[36] Gupta, T. K. , Instability of cylindrical voids in alumina, J. Am. Ceram. Soc. , 61, 191-95, 1978.

[37] Rhee, S. K. , Critical surface energies of Al$_2$O$_3$ and graphite, J. Am. Ceram. Soc. , 55, 300-303, 1972.

[38] Kingery, W. D. , Metal-ceramic interactions: IV, Absolute measurements of

metal-ceramic interfacial energies, J. Am. Ceram. Soc., 37, 42-45, 1954.

[39] Morgan, C. S. and Tennery, V. J., Magnesium oxide enhancement of sintering of alumina, in Sintering Processes, Mater. Sci. Res. Vol. 13, G. C. Kuczynski (ed.), Plenum Press, New York, 427-36, 1980.

第五部分 离子化合物的烧结

第二部分和第三部分中,仅考虑了通过特定(单一)组分的原子迁移而发生致密化和晶粒长大的情况,还假定特定区域中的空位浓度仅取决于该区域的毛细管压力。然而,大多数陶瓷,特别是离子化合物,空位浓度随掺杂剂(通常也称为添加剂)的添加而变化,可烧结性也发生相应的变化。此外,决定可烧结性的缺陷种类,根据点缺陷浓度和温度的不同,也会发生变化。第五部分将从缺陷化学、离子扩散和离子偏析角度讨论离子化合物的致密化和晶粒长大。

第 12 章 烧结添加剂与缺陷化学

通常来说,向粉末中添加烧结添加剂的目的是提高烧结性并控制显微组织。典型的例子如向 W 中添加 Ni 改善烧结性,向 Al_2O_3 中添加 MgO 抑制异常晶粒长大并提高致密度。然而,在大多数情况下仅能凭经验来推测烧结添加剂的作用,其具体机理尚不清楚。本章考虑了在离子化合物中添加烧结添加剂[①]形成低浓度点缺陷的情况。对于低浓度的点缺陷,可以假设缺陷之间没有相互作用,基体原子和点缺陷形成理想溶液。还可以假设基体原子的浓度为 1。在这种情况下,可以很容易地估算添加掺杂剂引起的点缺陷浓度。因此,对于晶格扩散控制的烧结,该估算可以解释烧结性随掺杂剂添加量的变化。

12.1 陶瓷中的点缺陷

陶瓷中的点缺陷通常用 kröger—Vink 符号表示。根据这种表示法,添加

---

① 在离子化合物中,当烧结添加剂的浓度较低时,通常将其称为掺杂剂。

(或消耗)的中性原子和自由电子需要分别表示。原子和缺陷用字母字符表示,它们的位置用下标表示,它们的有效电荷用上标表示;即表示为 A_B^C 的形式,其中 A 表示某特定的原子或缺陷,B 表示缺陷占据的位置,C 表示缺陷带有的有效电荷。有效正电荷表示为"·";有效负电荷表示为"'";中性(零)电荷表示为 X 或不做标记。表 12.1 列出了化合物 MX 中存在的一些典型的点缺陷。在列出的缺陷中,离子化合物中两种最常见和最重要的本征晶体缺陷类型是弗仑克尔缺陷和肖特基缺陷。除了离子缺陷外,离子化合物中也有电子缺陷(自由电子和电子空穴)。

表 12.1　化合物 MX 中各种类型的点缺陷

缺陷类型	符号
空位	$V_M , V_X , V_M' , V_X^\cdot , V_M'' , V_X^{\cdot\cdot} , \cdots$
间隙原子	$M_i , X_i , M_i^{\cdot\cdot} , X_i'' , \cdots$
错位原子	$X_M , M_X , \cdots$
相关中心	$(V_M V_X) , (X_i X_M) , \cdots$
外来原子	$L_M , L_i^{\cdot\cdot} , F_M' , \cdots$
自由电子和空穴	$e' , h^\cdot$

12.1.1　弗仑克尔缺陷

格点原子(离子)离开原来的位置进入间隙位置而在原格点位置留下空位,此时形成的缺陷称为弗仑克尔缺陷。因此,弗仑克尔缺陷是由间隙原子和空位形成的一个缺陷对[①]。对于完全离子化的简单金属氧化物 MO,其形成方程表示为

$$M_M^X \rightleftharpoons M_i^{\cdot\cdot} + V_M'' \tag{12.1}$$

当这些缺陷的数量与晶格点的数量相比非常少时,基本统计力学或常规质量作用定律给出

$$[M_i^{\cdot\cdot}][V_M''] = \exp\left(-\frac{\Delta g_F}{kT}\right) = K_F \tag{12.2}$$

式中,$[M_i^{\cdot\cdot}]$ 是有效电荷为 +2 的间隙原子的浓度;Δg_F 是弗仑克尔缺陷的形成自由能;K_F 是弗仑克尔缺陷的质量作用常数。

---

① 在这里,"对"并不意味着间隙—空位关联,而是两个分离的共轭缺陷,即间隙及其空位。

12.1.2 肖特基缺陷

肖特基缺陷是离子化合物所独有的,是阳离子空位和阴离子空位按化学计量比组成的缺陷对。对于完全离子化的化合物 MO,其形成方程表示为

$$M_M + O_O \Longrightarrow V_M'' + V_O^{\cdot\cdot} + M_B + O_B \tag{12.3}$$

式中,B 表示可以形成晶格的位置,如晶界、表面或位错。

因此,与弗仑克尔缺陷不同,肖特基缺陷产生新的晶格位置。由于 M_M 和 O_O 分别等同于 M_B 和 O_B,所以式(12.3)也可以写成

$$null \Longrightarrow V_M'' + V_O^{\cdot\cdot} \tag{12.4}$$

然后,将这些缺陷的浓度表示为

$$[V_M''][V_O^{\cdot\cdot}] = \exp\left(-\frac{\Delta g_S}{kT}\right) = K_S \tag{12.5}$$

式中,Δg_S 是肖特基缺陷的形成自由能;K_S 是肖特基缺陷的质量作用常数。

12.1.3 电子缺陷

完美的电子有序仅在 0 K 温度下才能实现,此时,所有电子在泡利不相容原理的约束下都处于可能的最低能级。电子从基态到高能级的任何激发态,都会导致电子无序。但是,陶瓷中的本征电子无序,是指在导带中形成自由电子和在价带中形成空穴。因此,一个本征电子缺陷是由导带中的一个自由电子和价带中的一个电子空穴组成的。自由电子(e')的浓度和电子空穴($h^{\cdot}$)的浓度由带隙和温度确定。根据费米统计,电子占据能级 E 的概率 $P(E)$ 表示为

$$P(E) = \frac{1}{1 + \exp\left[\dfrac{E - E_F}{kT}\right]} \tag{12.6}$$

式中,E_F 是费米能级。

在本征绝缘体或半导体中,自由电子的浓度 n 与自由电子空穴的浓度 p 相同。将 E_c 表示为导带的能级,E_v 表示为价带的能级,则 E_F 约为 $(E_v + E_c)/2$。当自由电子的浓度和自由电子空穴的浓度较低时,由式(12.6)有

$$n = [e'] = \frac{n_e}{N_c} \cong \exp\left[-\frac{E_c - E_F}{kT}\right] \tag{12.7}$$

和

$$p = [h^{\cdot}] = \frac{n_h}{N_v} \cong \exp\left[-\frac{E_F - E_v}{kT}\right] \tag{12.8}$$

式中,n_e 和 n_h 分别是导带中每单位体积的电子数和价带中每单位体积的空

穴数,N_c 和 N_v 分别是导带中电子态密度和价带中电子空穴态密度。

　　根据基本量子物理,它们表示为

$$N_c = 2\left(\frac{2\pi m_e^* kT}{h_p^2}\right)^{3/2} \tag{12.9}$$

和

$$N_v = 2\left(\frac{2\pi m_h^* kT}{h_p^2}\right)^{3/2} \tag{12.10}$$

式中,h_p 是普朗克常数(6.623×10^{-34} J·s);m_e^* 和 m_h^* 分别是自由电子和电子空穴的有效质量。

　　当溶质添加和非化学计量等外部条件主导电子缺陷(非本征电子缺陷)时,电子能级会发生变化,并且自由电子和电子空穴的相对浓度也会发生变化。(非化学计量是指由外部条件,如气氛和杂质的变化引起的化学计量的变化。)但是,在给定温度下,两个浓度的乘积[e′][h·]是恒定的,即

$$np = [e'][h^\cdot] = \exp\left(-\frac{E_g}{kT}\right) = K_i \tag{12.11}$$

式中,K_i 是电子缺陷的质量作用常数,并且 $E_g \equiv E_c - E_v$。

12.2　添加剂形成的点缺陷

　　离子化合物中点缺陷的浓度随掺杂剂的浓度而变化。可以根据缺陷化学来预测缺陷浓度,其中每个缺陷可等同于化学反应中的一种化学物质,并且缺陷之间的反应能够用化学反应方程式表示。在表达缺陷化学反应时,用到如下一些基本原理。

　　首先,缺陷种类之间必须满足质量守恒定律。

　　其次,反应方程式左侧的有效电荷总数必须等于右侧的有效电荷总数。样品整体上必须保持电中性。

　　最后,阳离子位点与阴离子位点之比须恒定,即使对于非化学计量比化合物(位点关系)。换句话说,只要化合物 $M_a X_b$ 的晶体结构保持不变,比值 a/b 必须保持不变。但是,位点的绝对数量可能因缺陷反应而发生变化。对于位点关系:有的缺陷创造晶格位点,如 V_M、V_X、M_M、X_M 和 X_X;有的缺陷不创造晶格位点,如 e、h、M_i 和 L_i。

　　根据以上原理,可以使用以下方程预测各种缺陷的浓度:

　　(1)控制离子缺陷形成的方程;

　　(2)控制电子缺陷形成的方程;

(3)材料与气氛之间的反应方程；

(4)掺杂剂的质量守恒方程；

(5)总缺陷的电中性方程(条件)。

方程(1)～(3)表示为缺陷浓度的乘积，而方程(4)和(5)表示为总和。缺陷浓度的计算可以通过解含有 n 个浓度变量的 n 个方程式来完成，根据 Brouwer 的建议，也可以采用常用且简单的计算方法。因为随外部(热力学)条件的变化，缺陷浓度的变化范围能够跨越几个数量级，所以，在根据(4)和(5)构建方程的时候，可以忽略低浓度的缺陷，而仅考虑主要缺陷的浓度。然后，将这些主要缺陷按照(1)～(3)写出反应平衡表达式，并且缺陷浓度随外部条件的变化很容易用双对数坐标的 Brouwer 图表示。在方程(1)～(5)中，方程(1)～(3)遵循质量作用定律，与温度 T、可蒸发物质的分压 p_a 和掺杂剂浓度 C_L 无关。相反，当使用方程(4)和(5)时，首先假定材料中掺杂剂的缺陷类型和主要缺陷之间的电中性条件。换句话说，方程(4)和(5)中的主要缺陷随 T、p_a 和 C_L 而变化；因此，该电中性假设仅在特定条件下才是正确的。如果预测结果与观察结果不一致，则意味着对方程(4)和(5)中的主要缺陷所做的假设是不正确的。本节仅考虑 T 和 p_a 恒定不变的系统中掺杂剂浓度对其他缺陷浓度的影响。

考虑 L_2O_3 掺杂剂添加到 MO 氧化物的情况。如果氧原子进入氧化物形成新的晶格位(这是氧化物中的常见情况)，则 MO 与大气中氧气发生以下反应：

$$\frac{1}{2}O_2 \longrightarrow O_O^x + V_M'' + 2h^\cdot \tag{12.12}$$

然后，遵循质量作用定律，下式成立：

$$\frac{[O_O^x][V_M'']p^2}{p_{O_2}^{\frac{1}{2}}} \approx \frac{[V_M'']p^2}{p_{O_2}^{\frac{1}{2}}} = K_g \tag{12.13}$$

式中，K_g 是反应平衡常数。

因此，(1)～(3)对应的方程是式(12.2)、式(12.5)、式(12.11)和式(12.13)。

如果所有掺杂原子 L 都作为施主进入晶格中的 M 位，则满足下式：

$$L_2O_3 \xrightarrow{MO} 2L_M^\cdot + V_M'' + 3O_O^x \tag{12.14}$$

根据上式，(4)的方程具体变为

$$[L]_{total} = [L_M^\cdot] \tag{12.15}$$

另外，电中性条件给出

$$[L_M^\cdot]+p+2[V_O^{\cdot\cdot}]+2[M_i^{\cdot\cdot}]=2[V_M'']+n \tag{12.16}$$

如果 MO 中的主要缺陷是肖特基型,对于本征区域,则

$$[V_O^{\cdot\cdot}]\approx[V_M''] \tag{12.17}$$

对于非本征区域,则

$$[L_M^\cdot]\approx2[V_M''] \tag{12.18}$$

因此,采用式(12.5)、式(12.11)、式(12.13)、式(12.15)、式(12.17)和式(12.18)的对数形式,可以给出掺杂剂浓度与其他缺陷浓度之间的关系,如图 12.1 所示。该图对应于给定 p_{O_2} 下满足$[V_O^{\cdot\cdot}]\geqslant[V_M'']$和 $n\geqslant p$ 的纯 MO 体系。在图 12.1 中,观察到掺杂剂的添加会增加带相反电荷的缺陷的浓度,并降低带相似电荷的缺陷的浓度。从反应方程式和 Le Chatelier 原理中可以明显看出这一结果。如果 M 的晶格扩散控制该材料的烧结,随着 L_2O_3 的添加,烧结性有望提高,L_2O_3 的添加增加了金属空位浓度$[V_M'']$,从而提高了晶格扩散系数 D_M。

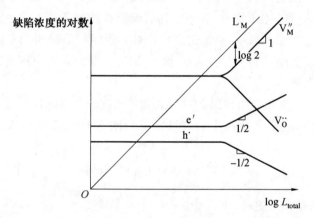

图 12.1　外来原子 L 的浓度对化合物 MO 中缺陷状态的影响

$(p_{O_2}=常数,\quad [V_O^{\cdot\cdot}]\geqslant[V_M'']和 n\geqslant p)$

第 13 章　离子化合物的致密化和晶粒长大

在离子化合物的致密化过程中,离子的传输不仅与毛细管压力差产生的化学势梯度有关,还与不同离子扩散率的差异引起的电势梯度有关。另外,材料中的静电势影响离子在晶界的偏析,并进一步影响晶界迁移和晶粒长大。

13.1　离子化合物中的扩散和烧结

在离子化合物的致密化过程中,物质的传输主要通过扩散发生,同时材料保持其化学计量,换句话说,物质的传输实际上是通过晶格分子的扩散发生的。每种离子的扩散都在由毛细管压力差引起的化学势梯度以及由阳离子和阴离子之间的迁移率差异引起的电势梯度下发生。阳离子和阴离子的扩散通量实际上是相互关联的,并且在同一方向上发生,即偶极子扩散。因此,离子扩散的驱动力是电化学势梯度 $\nabla \eta$,即化学势梯度和电势梯度之和。然后将离子种类 i 的扩散通量 J_i 表示为

$$J_i = C_i v_i = -C_i B_i \nabla \eta_i = -C_i B_i [\nabla \mu_i + Z_i F \nabla \varphi] \tag{13.1}$$

式中,C_i 是(摩尔)浓度;B_i 是(机械)扩散率;μ_i 是化学势;Z_i 是有效电荷;F 是法拉第常数(96 486.7 C/mol);φ 是电势。

对于阳离子价态为 $+b$ 且阴离子价态为 $-a$ 的化合物 $M_a X_b$,有

$$J_M = -\frac{C_M D_M}{RT}[\nabla \mu_M + bF \nabla \varphi] \tag{13.2a}$$

$$J_X = -\frac{C_X D_X}{RT}[\nabla \mu_X - aF \nabla \varphi] \tag{13.2b}$$

式中,$D_i (i = M^{b+}, X^{a-})$ 是自扩散系数;M 和 X 分别表示阳离子 M^{b+} 和阴离子 X^{a-}。当电子和空穴的传输与阳离子和阴离子的传输相比慢到可以忽略不计时,离子通量通过电中性场或 $\sum Z_i J_i = 0$ 耦合,导致晶格分子 $M_a X_b$ 的通量。

可以使用通量和化学计量条件来推导晶格分子 $M_a X_b$ 的通量方程

$$J_{M_a X_b} = \frac{1}{a} J_M = \frac{1}{b} J_X \tag{13.3}$$

和

$$C_{M_a X_b} = \frac{1}{a} C_M = \frac{1}{b} C_X \tag{13.4}$$

从局部热力学平衡考虑,则一般关系为

$$\nabla \mu_{M_a X_b} = a \nabla \mu_M + b \nabla \mu_X \tag{13.5}$$

将式(13.3)～(13.5)与式(13.2)组合,得出

$$J_{M_a X_b} = -\frac{C_{M_a X_b}}{RT}\left(\frac{D_M D_X}{bD_M + aD_X}\right)\nabla \mu_{M_a X_b} \equiv -\frac{C_{M_a X_b}}{RT}\bar{D}\,\nabla \mu_{M_a X_b} \tag{13.6}$$

式中,$\bar{D}$ 是晶格分子的有效自扩散系数。

如果 $M_a X_b$ 的热力学因子($\equiv \partial \mu_{M_a X_b} / \partial C_{M_a X_b}$)等于 1 个单位(该假设是合理的,例如在具有空位浓度梯度的单质金属中),则方程(13.6)可以采用菲克第一定律的形式,表示为

$$J_{M_a X_b} = -\left(\frac{D_M D_X}{bD_M + aD_X}\right)\nabla C_{M_a X_b} \equiv -\bar{D}\,\nabla C_{M_a X_b} \tag{13.7}$$

也可以使用式(13.3)和式(13.4)从式(13.7)获得菲克第一定律形式的阳离子和阴离子的通量方程,得到的通量方程形式与式(13.7)类似,并且具有相同的有效扩散系数 $\bar{D}$。

关于有效扩散系数,目前有两种类型的表达式。一个是从上文导出的

$$\bar{D} = \frac{D_M D_X}{bD_M + aD_X} \tag{13.8}$$

另一个是

$$\bar{D} = \frac{(a+b)D_M D_X}{bD_M + aD_X} \tag{13.9}$$

为了推导式(13.9),除了式(13.3)和式(13.4)之外,对于 i 离子,还使用了表达式 $\nabla \mu_i = RT \times \left(\frac{\nabla C_i}{C_i}\right)$,并假定 M^{b+} 和 X^{a-} 之间为理想溶液。但是,这种假设是不合理的,因为"离子溶液"与理想溶液的行为存在明显的负向偏离。这意味着 $M_a X_b$ 化合物中的有效扩散系数应表示为式(13.8),通量方程通常表示为式(13.6)或式(13.7)。式(13.8)表明,如果两种不同离子之间的扩散系数相差很大,则移动速率较慢的离子控制着烧结过程中的有效扩散系数和致密化。图 13.1 在 $\log D$ 对 $1/T$ 坐标系中绘制了 $\bar{D}$ 的温度依赖性。

当化合物通过各种途径扩散烧结时,有效扩散系数是通过各种特定途径贡献的总和。然后将离子 i 的有效扩散系数 $\bar{D}_i$ 表示为

$$\bar{D}_i = \sum_p (D_i f)^p \tag{13.10}$$

式中,f 是每条路径 p 的面积分数。

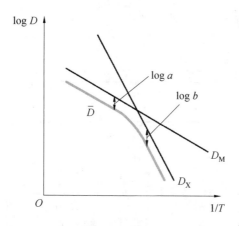

图 13.1　阳离子扩散激活能低于阴离子扩散激

活能的 M_aX_b 化合物的有效扩散系数 $\bar{D}$

当晶格扩散和晶界扩散同时发生,并对有效扩散系数有贡献时,有

$$\bar{D}_i = (D_i f)^{\mathrm{l}} + (D_i f)^{\mathrm{b}} \tag{13.11}$$

式中,上标 l 表示晶格;b 表示晶界。

晶粒尺寸为 G 的多晶体中的有效扩散系数可以表示为

$$\bar{D} = D_{\mathrm{l}} + \frac{\pi \delta_{\mathrm{b}} D_{\mathrm{b}}}{G} \tag{13.12}$$

根据式(13.3),$\bar{D}$ 表示为

$$\bar{D} = \frac{(D_{\mathrm{M}}^{\mathrm{b}} f^{\mathrm{b}} + D_{\mathrm{M}}^{\mathrm{l}} f^{\mathrm{l}})(D_{\mathrm{X}}^{\mathrm{b}} f^{\mathrm{b}} + D_{\mathrm{X}}^{\mathrm{l}} f^{\mathrm{l}})}{b(D_{\mathrm{M}}^{\mathrm{b}} f^{\mathrm{b}} + D_{\mathrm{M}}^{\mathrm{l}} f^{\mathrm{l}}) + a(D_{\mathrm{X}}^{\mathrm{b}} f^{\mathrm{b}} + D_{\mathrm{X}}^{\mathrm{l}} f^{\mathrm{l}})} \tag{13.13}$$

晶界扩散的贡献随着晶界面积的增加而增加,即随着晶粒尺寸的减小而增加,并符合关系式 $f^{\mathrm{b}} \propto 1/G$(式(13.12))。与晶界扩散不同,如果晶界的体积分数非常小,则可以认为晶格扩散的贡献与晶粒尺寸无关。对于化合物 MX,如果 $D_{\mathrm{X}}^{\mathrm{b}} > D_{\mathrm{M}}^{\mathrm{b}}$ 且 $D_{\mathrm{X}}^{\mathrm{l}} < D_{\mathrm{M}}^{\mathrm{l}}$,则 $\bar{D}$ 随晶粒尺寸的变化如图 13.2 所示。因此,烧结受最快的扩散路径上迁移最慢的物质控制。

然而,在实际烧结中,从晶界到气孔的物质通量还受到晶格扩散过程中的气孔的表面积的影响,以及晶界扩散中的气孔表面的晶界长度的影响(见 4.2 节和 5.2 节)。因此,离子化合物的致密化可能不受迁移最慢物质的最快扩散路径控制。特别地,最近研究发现,小气孔的最终致密化总是由晶界扩散控制的。

对于晶格扩散,有效扩散系数会随掺杂剂的添加而发生很大变化,因为

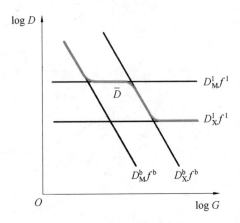

图 13.2   化合物 MX 中偶极子扩散的关系:当晶格扩散和
晶界扩散同时起作用时,有效扩散系数与晶粒尺寸的关系

掺杂剂会大大改变缺陷的浓度,如第 12 章所述。例如,考虑以空位为主要缺陷的氧化物 MO,如果阳离子空位的扩散激活能 Q_{V_M} 低于阴离子空位的扩散激活能 Q_{V_X},则最大有效扩散系数出现在缺氧区域(图 13.3)。当间隙阳离子也有助于离子扩散时,情况变得复杂。图 13.4 是一个当阳离子间隙扩散的激活能 Q_{M_i} 最低时($Q_{M_i} < Q_{V_M} < Q_{V_X}$),通过氧空位的氧离子扩散控制烧结有效扩散系数的实例。

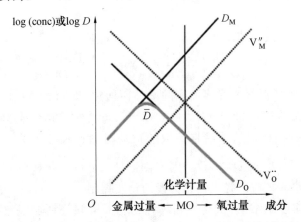

图 13.3   非化学计量对肖特基缺陷占主导地位的氧化物 MO 中有效扩散系数的影响

使用缺陷化学讨论掺杂剂对致密化的影响时,需要考虑几点。

(1) 由于掺杂剂增加了带相反电荷缺陷的浓度,降低了带相似电荷缺陷的浓度,因此对离子空位浓度和间隙离子浓度的影响总是相反的。因此,在

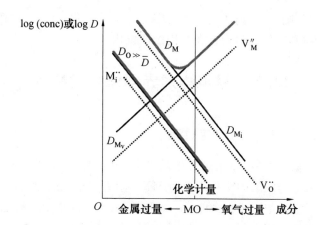

图 13.4　非化学计量对肖特基缺陷和弗仑克尔缺陷都
相当多的氧化物 MO 中有效扩散系数的影响

以肖特基缺陷为主要缺陷且弗仑克尔缺陷为次要缺陷的离子化合物中,如果 $Q_{M_i} \ll Q_{V_M}$,则随着掺杂剂浓度的增加,阳离子的有效扩散系数发生从 D_{M_i} 到 D_{V_M} 的变化。在图 13.4 中也可以看到此结果,其中随着阳离子空位浓度的增加,对 D_M 起决定作用的物质从阳离子间隙原子变为阳离子空位。

(2) 杂质的影响不容忽视。实际上,掺杂剂和杂质都可以明显改变缺陷浓度和有效扩散系数。特别在掺杂剂溶解度非常低的系统中,杂质甚至可以起主导作用。

(3) 即使对于相同的掺杂剂,系统内可能同时存在几个缺陷平衡方程,有时不同的缺陷平衡方程有可能对有效扩散系数产生相同的影响。在这种情况下,需要进行其他实验来确定适当的缺陷平衡。

(4) 由于掺杂剂和杂质的复杂影响,使用缺陷化学来预测有效扩散系数和烧结动力学具有局限性。掺杂剂能引起次级效应,包括晶界扩散系数、晶界能、表面能和晶界迁移率的变化。有关 Al_2O_3 和 $SrTiO_3$ 的研究发现,掺杂剂可以明显改变晶界能和表面能的各向异性。随着各向异性的变化,晶粒长大和致密化行为明显变化(见 9.2.1 节和 10.1 节)。由此可见,掺杂剂的作用比缺陷化学预计的要复杂得多,并且大多是凭经验评估的。

对于一个已知离子种类的体系和控制有效扩散系数的缺陷,掺杂剂的选择通常遵循以下规则:

(1) 价态规则,掺杂离子的有效化合价与宿主离子的有效化合价相差 1(或 2);

（2）尺寸规则,掺杂离子的尺寸与宿主离子的尺寸相似,以便替换;

（3）浓度规则,掺杂量通常在其固溶度以内。

13.2　静电势对界面偏析的影响

13.2.1　无掺杂剂的纯材料

在纯离子化合物中,存在热产生的缺陷,从而保持电中性条件。考虑以肖特基缺陷为主要缺陷的单价化合物 MX。阳离子空位的形成自由能 $g_{V'_M}$ 通常低于阴离子空位的形成自由能 $g_{V_X^{\cdot}}$。但是,由于在晶格中保持电中性条件,因此阳离子空位和阴离子空位的数量相同,在这种情况下,块体内可能存在一个静电势 φ。另外,在最简单的表达方法中,可以将表面和晶界(更一般地说是界面)视为无限且均匀的空位源和空位汇(见 4.1.4 节)。这意味着当离子到达界面在其原始晶格位置形成空位时,界面为离子提供无限数量的相同能级的位点。

$$M_M \Longleftrightarrow M_b^{\cdot} + V'_M \tag{13.14}$$

$$X_X \Longleftrightarrow X_b' + V_X^{\cdot} \tag{13.15}$$

式中,$M_b^{\cdot}$ 表示晶界(界面)的离子 M。因此,电中性条件不适用于界面,并且阳离子空位浓度和阴离子空位浓度是由各自在界面处的形成自由能决定的。换句话说,在界面处 φ 为零,并且 φ 随着与界面的距离 d 而变化($\varphi(d)$)。

然后,阳离子空位和阴离子空位的浓度分别表示为

$$[V'_M] = \exp\left(-\frac{g_{V'_M} - Ze\varphi(d)}{kT}\right) \tag{13.16}$$

$$[V_X^{\cdot}] = \exp\left(-\frac{g_{V_X^{\cdot}} + Ze\varphi(d)}{kT}\right) \tag{13.17}$$

式中,Z 是缺陷的有效电荷,在该情况下 $Z=1$。当 $d=0$ 时,有

$$[V'_M] = \exp\left(-\frac{g_{V'_M}}{kT}\right) \tag{13.18}$$

$$[V_X^{\cdot}] = \exp\left(-\frac{g_{V_X^{\cdot}}}{kT}\right) \tag{13.19}$$

但当 $d=\infty$ 时,有

$$[V'_M]_\infty = [V_X^{\cdot}]_\infty = \exp\left(-\frac{1}{2}\frac{(g_{V'_M} + g_{V_X^{\cdot}})}{kT}\right) \tag{13.20}$$

和

$$e\varphi_\infty = \frac{1}{2}(g_{V_M'} - g_{V_X^{\bullet}}) \tag{13.21}$$

以 NaCl 为例,取 $g_{V_{Na}'} = 0.65$ eV 和 $g_{V_{Cl}^{\bullet}} = 1.21$ eV,估算出 $\varphi_\infty = -0.28$ V。由于在界面和界面附近形成的阳离子空位和阴离子空位的浓度彼此不同,因此离子空位本身不能满足电中性。但是,这种电荷不平衡可以通过一种离子在界面的偏析来补偿。图 13.5 示意性地说明了在 $g_{V_M'} < g_{V_X^{\bullet}}$ 的离子化合物中,界面的阳离子偏析以及阳离子空位和阴离子空位的浓度分布。空位浓度不同的近界面区称为空间电荷区。考虑到该区域过量的阳离子空位和界面偏析的阳离子,在包括界面和空间电荷区的界面区域中能够实现电中性条件。在这方面,纯离子化合物中,在界面附近产生的化学计量偏差,在吉布斯分割界面概念中,不属于这里所讲的界面偏析现象(见 2.1 节)。

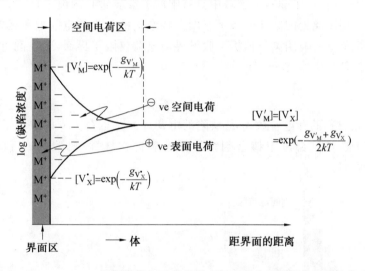

图 13.5　$g_{V_M'} < g_{V_X^{\bullet}}$ 的化合物 MX 的晶界空间电荷和相关的带电缺陷分布

13.2.2　含有掺杂剂的不纯材料

离子化合物中的异价掺杂剂或杂质,能够改变空间电荷水平并与界面发生相互作用。掺杂有效正电荷的异价溶质,例如 $CaCl_2$ 掺杂 NaCl 或 Al_2O_3 掺杂 MgO,除了本征阳离子空位外,还会导致非本征阳离子空位的形成。即使对于通过添加异价溶质 L 产生的空位浓度高于由热激活确定的本征空位浓度的情况,式(13.16)也成立。如果,某一价化合物 MX 中含有带一个有效电荷的溶质原子,那么,阳离子空位浓度表示为

$$C_{\mathrm{L}} \approx [V'_{\mathrm{M}}]_\infty = \exp\left(-\frac{g_{V'_{\mathrm{M}}} - e\varphi_\infty}{kT}\right) \tag{13.22}$$

式中，C_{L} 是异价溶质的浓度。在此，静电势 φ_∞ 的正负符号及其绝对值取决于温度和溶质（掺杂剂）浓度。

例如，当将 $CaCl_2$ 添加到 NaCl 时，Ca 离子将按照下式占据 Na 离子位置：

$$CaCl_2 \xrightarrow{2NaCl} Ca^{\cdot}_{Na} + V'_{Na} + 2Cl^{X}_{Cl} \tag{13.23}$$

然后，根据肖特基缺陷形成方程（式(12.4)）以及阳离子空位和阴离子空位形成方程（式(13.14) 和式(13.15)），随着 $CaCl_2$ 的添加，$[V'_{Na}]$ 和 $[Cl'_b]$ 增加，而 $[V^{\cdot}_{Cl}]$ 和 $[Na^{\cdot}_b]$ 减少。对于较高的 $[Ca^{\cdot}_{Na}]$，φ_∞ 为正，晶界电势为负。对于离子化合物，φ_∞ 通常在 ± 0.1 到 ± 1.0 V 之间。

图 13.6 显示了非本征区域中具有阳离子掺杂剂 L 的离子化合物 MX 中距界面不同距离处的缺陷分布示意图。掺杂剂的加入使空间电荷区带正电，而界面带负电并有阴离子偏析。假设界面电荷仅限于界面，则空间电荷区的深度由德拜长度 l_{D} 表征，即

$$l_{\mathrm{D}} \approx \left(\frac{\varepsilon kT}{8\pi q^2 C_\infty}\right)^{1/2} \tag{13.24}$$

式中，ε 是材料的介电常数；q 是缺陷的电荷；C_∞ 是电荷为 q 的缺陷的体积浓度。对于在烧结温度下掺杂剂浓度低的氧化物材料，典型的 l_{D} 值在 $1 \sim 10$ nm 之间。

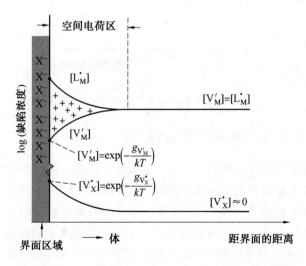

图 13.6　含有效正电荷的异价溶质 L 的化合物 MX 的晶界空间电荷和相关的带电缺陷分布

到目前为止,在讨论缺陷的形成和分布时,为简单起见,假设界面作为空位和原子的理想源和汇,并且为带有与空间电荷区中过量电荷相反电荷的离子提供了无限多的位置。然而,这种假设太简单了,无法定量描述实际现象。实际上,界面离子的位置数量是有限的,界面的离子彼此相互作用。由于该位置限制,随着温度的升高,块体中的静电势明显降低。

13.3　溶质偏析与晶界迁移率

离子化合物中晶界偏析量也可以使用常规解形式来估算,如 7.1 节所述。Wynblatt 和 McCune 在键模型方法中建议,对于异价溶质,除了界面能贡献、混合焓贡献和弹性应变能贡献以外,静电贡献也应该包括在偏析热中。表 13.1 列出了金属氧化物中对偏析焓的四种贡献的估计范围。在四种贡献中,应变能和静电相互作用能的影响通常占主导地位并且彼此相互作用。

表 13.1　金属氧化物中对溶质偏析焓的贡献的近似范围　　　　kJ/mol

界面能(ΔH_γ)	二元相互作用(ΔH_m)	应变能(ΔH_ε)	静电相互作用(ΔH_e)
0～±20[a]	0～±60[b]	0～ −140[c]	0～±100[d]

(a)假设最大界面能差为 0.5 J/m^2。

(b)基于各种尖晶石的形成焓。

(c)由式(7.4)计算得到的合理的参数极限值。

(d)对于 $\varphi_\infty \approx 0.5$ V(对应于低温)和电荷差为 2。

然而,在实际系统中,偏析行为比基于单一偏析剂的键模型方法的简单理解要复杂得多。由于有多种偏析剂和杂质,它们之间的相互作用将导致复杂的偏析行为。对于 Nb 掺杂的 $SrTiO_3$,在 H_2 中存在 Nb 的晶界偏析,而在空气中则没有。H_2 中 Nb 的偏析归因于固有的受主杂质和被捕获的电子在晶界的偏析而形成的负晶界核。这个例子表明,氧化物中的晶界偏析不仅随杂质而且随氧分压明显变化。

如 7.2 节所述,特定离子或溶质偏析及其对晶界迁移率的影响的实验证据丰富。随着溶质离子的偏析,在第 7 章所述的低速率范围内,由于溶质阻力,晶界迁移速率明显降低。在最近的电场对晶界迁移率影响的研究中,进一步证实了带电荷的特定离子种类的偏析。在大晶粒和小晶粒的双层 Al_2O_3 中,当对小晶粒层施加正偏压或负偏压时,大晶粒向小晶粒层的生长分别被加速或延缓。该结果表明,外部电场可明显影响具有带电离子偏析的晶界的迁移率。

习　题

5.1　根据统计力学原理，证明具有弗仑克尔缺陷的纯化合物中的空位浓度 n_v/N_A 表示为

$$\frac{n_v}{N_A} = \exp\left(-\frac{\Delta g_F}{2kT}\right)$$

式中，n_v 是每摩尔的空位数；N_A 是阿伏伽德罗常数；Δg_F 是弗仑克尔缺陷的形成自由能。

5.2　将在空气中烧结的纯氧化物放在还原性气氛中进行退火，请问氧含量降低会使氧化物的费米能级改变多少？

5.3　假如在氧化物 L_2O_3 中添加一种受体掺杂剂 MO，请给出缺陷浓度随掺杂剂含量的变化关系。假设 L_2O_3 中的主要缺陷和次要缺陷分别是肖特基缺陷和电子缺陷，并且所有 M 离子都进入 L 位。

5.4　对于 ZrO_2 掺杂 Al_2O_3，请给出 Al_2O_3 中缺陷浓度随 ZrO_2 添加量的变化关系。假设 Al_2O_3 中的主要缺陷和次要缺陷分别是肖特基缺陷和弗仑克尔缺陷，并且所有 Zr 离子都进入 Al 位。

5.5　在 ZrO_2 掺杂的 Al_2O_3（见习题 5.4）中，如果 Al 空位的扩散激活能远小于 Al 间隙原子的扩散激活能，在这种条件下，增加 ZrO_2 含量将对 Al 的有效扩散系数产生怎样的影响？

5.6　将 L_2O_3 掺杂剂添加到以肖特基缺陷为主要缺陷的氧化物 MO 中。假设所有 L 离子都进入 M 位。

（1）在 $\log[$浓度$]$ 与 $1/T$ 平面上绘制 $[V_M'']$、$[V_O^{··}]$ 和 $[L_M^·]$ 随温度的变化曲线；

（2）绘制 MO 中的有效扩散系数 $\bar{D}$ 随温度的变化曲线。假设 $\bar{D}$ 由 V_M'' 的扩散决定。

5.7　NaCl 中的主要点缺陷是肖特基缺陷。当 $CaCl_2$ 添加到 NaCl 中时，Ca 离子替代 Na 离子。对于 $CaCl_2$ 掺杂的 NaCl，在 $\log[V_{Na}']$ 与 $1/T$ 平面上绘制并解释 $[V_{Na}']$ 随温度的变化。

5.8　推导式(13.6)。

5.9　对于晶格扩散和晶界扩散均起作用的化合物 M_aX_b，画出有效扩散

系数随晶粒尺寸变化的示意图。假设 $D_M^l > D_X^l$ 和 $D_M^b > D_X^b$。

5.10 假设氧化物 MO 中离子通过空位机制迁移，并且金属离子的扩散激活能 Q_M 高于氧离子的扩散激活能 $Q_O(Q_M > Q_O)$。

(1)绘制 $[V_O^{\cdot\cdot}]$ 和 $[V_M'']$ 的变化示意图，以及两种不同离子的扩散系数随非化学计量氧的变化。

(2)在这种化合物的烧结中，方程 $t \propto 1/(JAV_m)$ 中决定烧结动力学的扩散系数 D 和摩尔体积 V_m 是多少?

5.11 在金属氧化物 MO 中，已知主要缺陷是肖特基缺陷。假定 $K_S = 10^{-10}$ 和 $D_M = 100D_O$，如果通过晶格扩散发生致密化，为了在烧结中获得最大的致密化速率，必须向氧化物中添加哪种掺杂剂以及掺杂量?

5.12 已知 KCl 中的主要缺陷是肖特基缺陷，并且阳离子空位的形成自由能低于阴离子空位的形成自由能。画出纯 KCl 和高度掺杂 CaCl$_2$ 的 KCl 中的表面电荷和表面缺陷浓度。画出并解释 CaCl$_2$ 掺杂的 KCl 块体中缺陷浓度随温度$(1/T)$的变化。

5.13 对于 $D_M^l > D_X^l$ 和 $D_M^b > D_X^b$ 的化合物 MX，画出并解释有效扩散系数随晶粒尺寸的变化。

5.14 描述氧化物晶界的迁移率，其中迁移受偏析的异价掺杂原子的扩散控制。

参 考 文 献

[1] Kröger, F. A. and Vink, H. J., Relations between the concentrations of imperfections in crystalline solids, in Solid State Physics Vol. 3, F. Seitz and D. Turnbull(eds), Academic Press, New York, 307-435, 1956.

[2] Kröger, F. A., The Chemistry of Imperfect Crystals (2nd revised edition) Vol. 2. Imperfection Chemistry of Crystalline Solids, North-Holland Publ., Amsterdam,1974.

[3] Brook, R. J., Defect structure of ceramic materials, Chapter 3 in Electrical Conductivity in Ceramics and Glass, Part A, N. M. Tallan (ed.), Marcel Dekker, New York, 179-267, 1983.

[4] Kröger, F. A., The Chemistry of Imperfect Crystals (2nd revised

edition) Vol. 2. Imperfection Chemistry of Crystalline Solids, North-Holland Publ. , Amsterdam,14, 1974.

[5] Kingery, W. D. , Bowen, H. K. and Uhlmann, D. R. , Introduction to Ceramics (2nd edition), John Wiley & Sons, New York, 12-76, 1976.

[6] Kingery, W. D. , Bowen, H. K. and Uhlmann, D. R. , Introduction to Ceramics (2nd edition), John Wiley & Sons, New York, 381-447, 1976.

[7] Readey, D. W. , Chemical potentials and initial sintering in pure metals and ionic compounds, J. Appl. Phys. ,39, 2309-12, 1966.

[8] Blakely, J. M. and Li, C. -Y. , Changes in morphology of ionic crystals due to capillarity, Acta Metall. , 14, 279-84, 1966.

[9] Gordon, R. S. , Mass transport in the diffusional creep of ionic solids, J. Am. Ceram. Soc. , 56, 147-52, 1973.

[10] Ruoff, A. L. , Mass transfer problems in ionic crystals with charge neutrality, J. Appl. Phys. , 36, 2903-905, 1965.

[11] Rahaman, M. N. , Ceramic Processing and Sintering (2nd edition), Marcel Dekker, New York, 462-66, 2003.

[12] Raj, R. and Ashby, M. F. ,On grain boundary sliding and diffusional creep, Metall. Trans. A, 2A, 1113-27, 1971.

[13] Cannon, R. M. and Coble, R. L. , Paradigms for ceramic powder processing, in Processing of Crystalline Ceramics, Mat. Sci. Res. Vol. 11, H. Palmour III, R. F. Davis and T. M. Hare (eds), Plenum Press, New York, 151-70, 1978.

[14] Gordon, R. S. , Understanding defect structure and mass transport in polycrystal line Al_2O_3 and MgO via the study of diffusional creep, in Structure and Properties of MgO Al_2O_3 Ceramics, W. D. Kingery (ed.), Am. Ceram. Soc. Inc. , 418-37, 1984.

[15] Kang, S. -J. L. and Jung, Y. -I. , Sintering kinetics at final stage sintering: model calculation and map construction, Acta Mater. , 52, 4573-78, 2004.

[16] Reijnen, P. J. L. , Non-stoichiometry and sintering in ionic solids, in Problems of Non-stoichiometry, A. Rabenau (ed.), North-Holland Publ. , Amsterdam, 219-38, 1970.

[17] Shewmon, P. G. , Diffusion in Solids (2nd edition), TMS,

Warrendale, PA, 162-64, 1989.

[18] Park, C. W. and Yoon, D. Y. , The effect of SiO_2 , CaO and MgO additions on the grain growth of alumina, J. Am. Ceram. Soc. , 83, 2605-609, 2000.

[19] Park, C. W. and Yoon, D. Y. , Abnormal grain growth in alumina with anorthite liquid and the effect of MgO addition, J. Am. Ceram. Soc. , 85, 1585-93, 2002.

[20] Chung, S. -Y. , Yoon, D. Y. and Kang, S. -J. L. , Effects of donor concentration and oxygen partial pressure on interface morphology and grain growth behavior in $SrTiO_3$, Acta Mater. , 50, 3361-71, 2002.

[21] Chung, S. -Y. and Kang, S. -J. L. , Intergranular amorphous films and dislocation promoted grain growth, Acta Mater. , 51, 2345-54, 2003.

[22] Brook, R. J. , Fabrication principles for the production of ceramics with superior mechanical properties, Proc. Brit. Ceram. Soc. , 32, 7-24, 1982.

[23] Kliewer, K. L. and Koehler, J. S. , Space charge in ionic crystals. I. General approach with application to NaCl, Phys. Review, 140, 4A, A1226-40, 1965.

[24] Kingery, W. D. , Bowen, H. K. and Uhlmann, D. R. , Introduction to Ceramics (2nd edition), John Wiley & Sons, New York, 177-216, 1976.

[25] Burggraaf, A. J. and Winnubst, A. J. A. , Segregation in oxide surfaces; solid electrolytes and mixed conductions, in Surface and Near-Surface Chemistry of Oxide Materials (Mater. Sci. Mono. 47), J. Nowotny and L. -C. Dufour (eds), Elsevier Science Publ. , Amsterdam, 449-78, 1988.

[26] Nowotny, J. , Surface and grain boundary segregation in metal oxides, in Surfaces and Interfaces of Ceramic Materials, L. -C. Dufour, C. Monty and G. Petot-Ervas (eds), Kluwer Academic Publ. , Dordrecht, 205-39, 1989.

[27] Poeppel, R. B. and Blakely, J. M. , Origin of equilibrium space charge potentials in ionic crystals, Surface Sci. , 15, 507-23, 1969.

[28] Wynblatt, P. and Mcune, R. C. , Chemical aspects of equilibrium segregation to ceramic interfaces, in Surfaces and Interfaces in Ceramic

and Ceramic-Metal Systems, Mater. Sci. Res. Vol 14, J. Pask and A. G. Evans(eds), Plenum Press, New York, 83-95, 1981.

[29] Wynblatt, P. and McCune, R. C., Surface segregation in metal oxides, in Surface and Near-Surface Chemistry of Oxide Materials(Mater. Sci. Mono. 47), J. Nowotny and L. C. Dufour(eds), Elsevier Science Publ., Amsterdam, 247-79, 1988.

[30] Yan, M. F., Cannon, R. M. and Bowen, K. H.. Solute segregation at ceramic interfaces, in Character of Grain Boundaries, M. F. Yan and A. H. Heuer(eds), Am. Ceram. Soc. Inc., Columbus, OH, 255-73, 1983.

[31] Chiang, Y. M. and Takaki, T., Grain-boundary chemistry of barium titanate and strontium titanate: I. High-temperature equilibrium space charge, J. Am. Ceram. Soc., 73, 3278-85, 1990.

[32] Chung, S. Y., Kang, S. J. L. and Darvid, C. P., Effect of sintering atmosphere on grain boundary segregation and grain growth in niobium-doped $SrTiO_3$, J. Am. Ceram. Soc., 85, 2805-10, 2002.

[33] Jeong, J. W., Han, J. H. and Kim, D. Y.. Effect of eletric field on the migration of grain boundaries in alumina. J. Am. Ceram. Soc., 83, 915-18, 2000.

第六部分　液相烧结

当粉末压坯在液相存在下烧结(即液相烧结)时,压坯的密度增加,并且与固相烧结一样,同时发生晶粒长大。通过基体中大晶粒的长大和小晶粒的溶解使平均晶粒尺寸增加的现象称为奥斯瓦尔德熟化。对于最简单的情况,已经对奥斯瓦尔德熟化进行了严格的理论分析(Lifshitz－Slyozov－Wagner(LSW)理论)。但是,实际系统中的晶粒长大有时与简单情况非常不同,通常表现出异常晶粒长大。第15章描述基体中晶粒长大的理论;特别强调最近对异常晶粒长大的解释。关于液相烧结过程中的致密化,提出了两种理论,接触压扁理论和气孔充填理论。前者基本是双颗粒模型,类似于固相烧结;后者考虑致密化和晶粒长大,反映了液相烧结过程中发生的真实现象。在第16章中,对两种模型和理论进行了严格的检查,然后描述了液相烧结过程中的显微组织演变。

第14章　液相烧结基础

14.1　液相烧结的基本现象

液相烧结是包含一种以上组分的粉末压坯在高于组分固相线的温度下的致密化技术,因此存在液体。与固相烧结不同,由于液相的快速物质传输作用,液相烧结过程中,显微组织变化很快。液相烧结随烧结时间的典型致密化曲线类似于固相烧结的致密化曲线(图4.1),如图14.1中所示的 W－Ni－Fe粉末压坯的致密化曲线。但是,如图14.1所示,在加热至液相烧结温度的过程中,在固态下通常已经发生了一定程度的致密化;因此,液相烧结的初始显微组织受固相烧结阶段的强烈影响。特别是某些存在活化烧结现象的系统(如 W－Ni),在常规加热至液相烧结温度的过程中,可以获得90%以上的致密度，如图 14.1 中 W(1 μm)—Ni—Fe 压坯的致密化曲线所示。

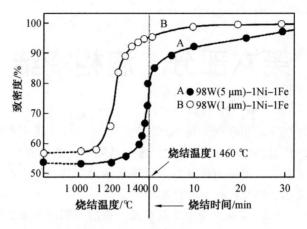

图 14.1　98W—1Ni—1Fe(质量分数，％)合金在加热至
1 460 ℃及等温液相烧结过程中的致密化曲线

　　当在粉末混合物压坯的加热过程中形成液相时，由于固体颗粒之间的细通道和粗通道之间的毛细管压力差，液相流入细的毛细管。固体颗粒可以通过这种液流重新分布，在液相烧结模型中，这种现象称为"颗粒重排"。液体流动引起颗粒重排的可能性受各种因素的影响，不仅包括液相体积分数，还包括二面角、液相形成时的烧结程度和颗粒尺寸。但是，在二面角大于 0°的条件下，预计发生颗粒重排的可能性不太大。（由于液体流入固体颗粒之间的细毛细管中，因此大部分已经熔化的颗粒的位置变成了孔。这些孔的消除决定了整体的致密化动力学。）液相形成后，压坯由三相组成：固相、液相和气相。随着烧结的进行，在液相基体中，气孔消除和晶粒长大同时发生。

　　目前有两种模型和理论来解释液相烧结过程中的致密化。第一种模型由 Cannon 和 Lenel 提出，液相烧结包括液相流动、固溶/析出、固相烧结三个阶段。

　　基于该模型，Kingery 发展了液相烧结的致密化理论（见 14.2 节），特别是在第二阶段，假设通过晶粒之间的接触面变平，使晶粒形状连续变化，即"接触压扁"。然而，最近对致密化机理的研究表明，Kingery 理论及其最新理论修订中关键的致密化机理——接触压扁，实际上对致密化的意义并不太大。

　　第二种液相烧结致密化模型由 Kwon 和 Yoon 提出。基于液相烧结过程中的显微组织观察，提出液相填充气孔是致密化的基本过程并控制着整体烧结动力学。后来，Park 等从理论上分析了孤立气孔的液相填充，最近，Kang 等开发了一种新的液相烧结模型和理论（气孔填充理论）。不像先前的模型和理论那样仅仅根据固体晶粒的行为描述液相烧结的致密化而没有考虑晶粒长大,新模型和理论描述了由于晶粒长大而使液相进入气孔的致密化过程(第 16.1 节和 16.2 节)。

一系列的显微组织观察和理论分析表明,致密化本质上是通过气孔的液相填充而发生的。在液相烧结的非常早期阶段,由液相流动(重新分布)引起的颗粒重排也可能有助于有限和特定条件下的致密化。但是,即使如此,颗粒重排对致密化的贡献也很小。在通过气孔填充进行致密化的过程中,晶粒长大并在长大过程中发生形状变化(见 15.2 节)。因此,在分析液相烧结过程中的显微组织演变时,应同时考虑致密化和晶粒长大。一般来说,固相或液相基质中发生的正常晶粒长大,被称为"奥斯瓦尔德熟化",可以用 LSW 理论来解释。

14.2　液相烧结中的毛细现象

与固相烧结不同,由于毛细管力的作用,液相烧结中可能发生液相流动,从而导致材料的大量流动。图 14.2 描绘了两个球形颗粒之间存在少量液相的情况。液相中的压力受系统几何形状的影响,包括液相体积分数 f_1、颗粒半径 a、颗粒间距离 l 和润湿角 θ。由于存在液相,两个颗粒之间的压缩力 F 表示为液相和外部大气之间的压力差 F_1 和液相的表面张力 F_2 之和,即

$$F = F_1 + F_2 = \gamma_1 \left(\frac{1}{r} - \frac{1}{x} \right) \pi a^2 \sin^2 \Psi + \gamma_1 2\pi a \sin \Psi \sin(\Psi + \theta)$$

$$= \gamma_1 \left[\pi a^2 \sin^2 \Psi \left(\frac{1}{r} - \frac{1}{x} \right) + 2\pi a \sin \Psi \sin(\Psi + \theta) \right] \tag{14.1}$$

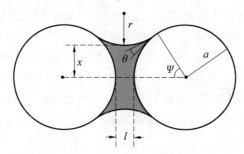

图 14.2　具有中间液膜的两个球形颗粒之间接触示意图

如果液相表面的形状是圆的一部分(圆形近似),则有

$$x = a\sin \Psi - \left[a(1 - \cos \Psi) + \frac{l}{2} \right] \frac{1 - \sin(\Psi + \theta)}{\cos(\Psi + \theta)} \tag{14.2}$$

和

$$r = \frac{a(1 - \cos \Psi) + l/2}{\cos(\Psi + \theta)} \tag{14.3}$$

图 14.3 描绘了当颗粒间距离 $l = 0$ 时,接触角为 Ψ 且润湿角为 θ 的两个颗粒之间压应力计算值的变化。它表明压应力随着 Ψ 和 θ 的减小而增大。当液相体积分数接近零时($\Psi \to 0$),F 变为 $2\pi a\gamma_1\cos \theta$。对于 $l = 0$,$F = 0$ 的临界润湿角 θ_{cr} 为

$$\theta_{cr} = 90 - \frac{\Psi}{2} \tag{14.4}$$

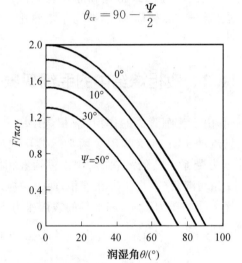

图 14.3　不同接触角下压应力随润湿角的变化

对于 $\theta > \theta_{cr}$,在两个颗粒之间产生排斥力,并且 l 大于零。对于 $l \neq 0$ 的更一般情况,使用式(14.1)并根据 Ψ 和 θ 也可以计算颗粒间的作用力。图 14.4 中 $\Psi = 30°$ 的计算结果表明,颗粒间的平衡距离随着润湿角的增加而增加。对于 $\theta = 70°$ 的例子,平衡距离约为 $0.25a$。在使用镀 Cu 的 W 球模型实验中获得的图 14.5 所示显微照片证实,随着润湿角的增加颗粒可以分离。另外,在高润湿角的实际系统中液相可能会局部凝聚,并且几乎不会发生致密化。

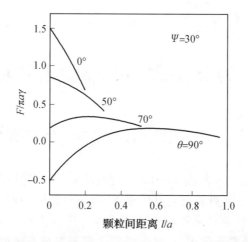

图 14.4　不同润湿角下压应力随颗粒间隙 l 的变化（接触角 $\Psi = 30°$）

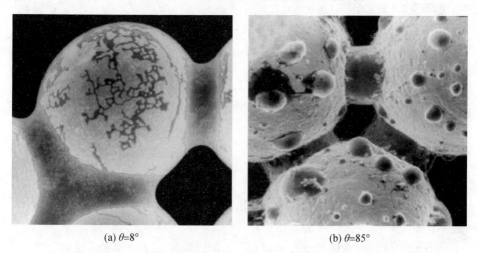

(a) $\theta=8°$　　　　　　　　　　　(b) $\theta=85°$

图 14.5　润湿角 θ 为 $8°$ 和 $85°$ 的 W 球（直径约 $200~\mu m$）之间的液相 Cu 的分布

第15章　液相基质中的晶粒形状和晶粒长大

15.1　二元两相体系中的毛细现象

液相基质中晶粒长大通常由 LSW 理论解释。由于施加在颗粒上的毛细管压力,颗粒中原子活性及其在基质中的溶解度都随着颗粒尺寸的减小而增加。因此,从小颗粒溶解到基质中的原子被传输到大颗粒上,因而导致大晶粒长大。为了定量分析此现象,首先必须了解多组分系统以及单组分系统中的毛细现象(见 2.3 节)。

对于图 15.1(a) 所示的系统,考虑 β 基体中的 α 固溶体球。如果 α 和 β 不可压缩且处于恒定温度,则在平衡状态下有

$$\sum_{i=1} (\mu_i^\alpha - \mu_i^\beta) \mathrm{d}n_i = 0 \tag{15.1}$$

式中,μ_i^α 和 μ_i^β 分别是压力 P^α 和 P^β 下 α 相和 β 相中 i 物质(原子)的化学势。对于 α 和 β 固溶体,$\mathrm{d}n_i$ 是独立的,因此

$$\mu_i^\alpha = \mu_i^\beta \tag{15.2}$$

且

$$P^\alpha - P^\beta = \gamma K \tag{15.3}$$

式中,γ 是颗粒和基质之间的界面能(如果基质是液相,则 γ 为 γ_{sl});K 是平均曲率。

类似于单组分系统的情况,式(15.2)可以用体化学势和界面能表示为

$$\mu_i^\alpha(T, P^\beta) - \mu_i^\beta(T, P^\beta) + \overline{V}_i^\alpha \gamma K = 0 \tag{15.4}$$

式中,$\overline{V}_i^\alpha$ 是 α 相中 i 的偏摩尔体积$(\partial \mu_i^\alpha / \partial P)_T$。对于二元系统,式(15.4)变为

$$\mu_B^\alpha - \mu_B^\beta + \overline{V}_B^\alpha \gamma K = 0 \tag{15.5a}$$

和

$$\mu_A^\alpha - \mu_A^\beta + \overline{V}_A^\alpha \gamma K = 0 \tag{15.5b}$$

式中,A 是基质中的溶质;B 是溶剂。

对于 $K = 0$,有

$$\mu_B^{\alpha,\infty} = \mu_B^{\beta,\infty}, \quad \mu_A^{\alpha,\infty} = \mu_A^{\beta,\infty} \tag{15.6}$$

由于

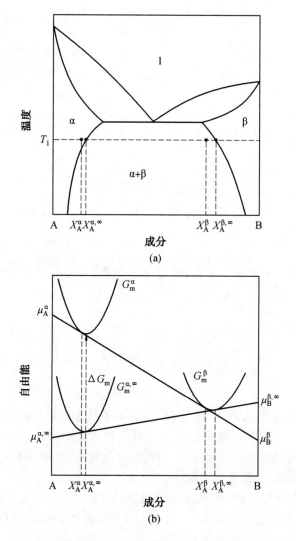

图 15.1　(a) T_1 温度下具有有限溶解度 $X_A^{\alpha,\infty}$ 和 $X_B^{\beta,\infty}$ 的典型相图, (b) 具有平直界面 ($K=0$) 和有限曲率半径 ($K\neq0$) 的 α 析出相在特定温度下的摩尔自由能与组分的关系示意图

$$\mu_B^{\alpha} - \mu_B^{\alpha,\infty} = RT\ln(a_B^{\alpha}/a_B^{\alpha,\infty}) \tag{15.7}$$

$$\ln\frac{\nu_B^{\alpha}\nu_B^{\beta,\infty}}{\nu_B^{\alpha,\infty}\nu_B^{\beta}} + \ln\frac{1-X_A^{\alpha}}{1-X_A^{\alpha,\infty}}\frac{1-X_A^{\beta,\infty}}{1-X_A^{\beta}} = -\frac{\overline{V}_B^{\alpha}\gamma K}{RT} \tag{15.8a}$$

式中, X_A^{α} 和 X_A^{β} 分别是 α 相和 β 相中 A 的摩尔分数; ν_B 是 B 的活度系数。

类似地, 有

$$\ln \frac{\nu_A^\alpha \nu_A^{\beta,\infty}}{\nu_A^{\alpha,\infty} \nu_A^\beta} + \ln \frac{X_A^\alpha X_A^{\beta,\infty}}{X_A^{\alpha,\infty} X_A^\beta} = -\frac{\overline{V}_A^\alpha \gamma K}{RT} \tag{15.8b}$$

通常，ν 是 X 的函数，但对于 X 的微小变化，可以将其视为常数。对于在常规液相烧结温度下半径大于 $0.1\ \mu m$ 的颗粒，由于式(15.8) 的值远小于 1，因此式(15.8) 可以写为

$$\frac{1-X_A^\beta}{1-X_A^\alpha} \frac{1-X_A^{\alpha,\infty}}{1-X_A^{\beta,\infty}} = \exp\left(\frac{\overline{V}_B^\alpha \gamma K}{RT}\right) \approx 1 + \frac{\overline{V}_B^\alpha \gamma K}{RT} \tag{15.9a}$$

和

$$\frac{X_A^{\alpha,\infty} X_A^\beta}{X_A^\alpha X_A^{\beta,\infty}} \approx 1 + \frac{\overline{V}_A^\alpha \gamma K}{RT} \tag{15.9b}$$

将$(1-X_A^\alpha)$ 和 X_A^α 分别与式(15.9a) 和式(15.9b) 相乘，并将它们相加得出

$$X_A^\beta = X_A^{\beta,\infty}\left(1 + \frac{1-X_A^{\beta,\infty}}{X_A^{\alpha,\infty}-X_A^{\beta,\infty}} \frac{\gamma V^\alpha K}{RT}\right) \tag{15.10a}$$

式中，V^α 是 α 的摩尔体积，且 $V^\alpha = (1-X_A^\alpha)\overline{V}_B^\alpha + X_A^\alpha \overline{V}_A^\alpha$。

类似地，有

$$X_A^\alpha = X_A^{\alpha,\infty}\left(1 + \frac{1-X_A^{\alpha,\infty}}{X_A^{\alpha,\infty}-X_A^{\beta,\infty}} \frac{\gamma (V^\alpha)' K}{RT}\right) \tag{15.10b}$$

其中

$$(V^\alpha)' = (1-X_A^{\beta,\infty})\overline{V}_B^\alpha + X_A^{\beta,\infty}\overline{V}_A^\alpha$$

根据以上这些式子，元素 A 在 α 球和 β 基体中的溶解度差 ΔX_A^β 与颗粒的曲率成正比。该结果可以用自由能－成分图来表示，如图 15.1(b) 所示。图 15.1(b) 中的共切线图显示，由于颗粒的有限曲率，A 在 β 中的溶解度随着颗粒自由能的增加（ΔG_m）而增加。

对于 α 和 β 是 A 和 B 的固溶体的系统，导出了式(15.10)。但是，该式也可应用于 α 为中间化合物 A_yB_x、β 为液相或固溶体的系统。在这种情况下，X_A^β 表示为

$$X_A^\beta = X_A^{\beta,\infty}\left(1 + \frac{1-X_A^{\beta,\infty}}{X_A^{\alpha,\infty}-X_A^{\beta,\infty}} \frac{\gamma V^\alpha K}{RT}\right) \tag{15.11}$$

式中，$X_A^\alpha = y/(x+y)$；$V^\alpha = V_c/(x+y)$，V_c 是化合物的摩尔体积。

15.2　Lifshitz－Slyozov－Wagner(LSW)理论

当不同尺寸的颗粒分散在液相中时，由于晶粒之间溶解度的差异，物质从小晶粒向大晶粒传输。因此，小晶粒溶解，大晶粒进一步长大，平均晶粒尺

寸增加,这种现象称为"奥斯瓦尔德熟化"。Lifshitz 和 Slyozov 严格地分析了受基质中原子扩散控制的长大现象;Wagner(瓦格纳)分析了受原子扩散和固/液界面反应控制的长大现象。

在 LSW 理论的发展过程中,人们假设了一些必要条件。该理论首先考虑了固体体积分数理论上为零的无限分散系统。一个更基本但未明确指出的假设是,对于每个原子,其溶解和沉淀均具有相同的概率,而与晶粒大小和晶面无关。换句话说,界面的迁移率是恒定的,并且与固体表面的驱动力和结晶取向无关。但是,此假设仅适用于具有粗糙界面的圆形晶粒。(在这种情况下,晶粒长大受原子扩散控制。)在这些假设下,该理论预测了晶粒的恒定(固定)尺寸分布与初始晶粒尺寸分布无关,并且预测了静止状态的简单动力学方程:平均晶粒尺寸的立方(扩散控制)或平方(界面反应控制)与保温时间成正比。本节将介绍近似但简单的 Greenwood 推导,而不是较复杂的 LSW 理论的推导。(界面反应控制的长大也将按照原始的瓦格纳理论进行描述,尽管对于界面反应控制的长大不满足恒定界面迁移率的基本假设(见 15.2.3 和 15.4 节)。)

图 15.2 是扩散控制长大(图 15.2(a))和界面反应控制长大(图 15.2(b))过程中大、小两个晶粒之间液相中溶质浓度分布示意图。在界面维持平衡的扩散控制长大情况下,在 α 晶粒和液相界面处溶质浓度分别符合式(15.10b)和式(15.10a)。液相中的平均溶质浓度是平均尺寸晶粒的溶解度,如后文所示。如果晶粒之间分离得无限远,半径为 a 的晶粒在固/液界面的溶质浓度梯度表示为[①]

$$\left. \frac{dC}{dR} \right|_{R=a} = \frac{C_{\bar{a}} - C_a}{a} \qquad (15.12)$$

式中,R 是到有关晶粒中心的距离;$\bar{a}$ 是平均尺寸晶粒的半径;$C_{\bar{a}}$ 是平均尺寸晶粒的溶质溶解度。

对于反应控制的长大过程,液相中的溶质浓度基本上没有梯度,并且液相中的溶质浓度约为平均尺寸晶粒的溶质溶解度(见 15.2.2 节)。这表明,溶解的动力学与沉淀的动力学相同的假设几乎是不合理的(见 15.2.3 节)。

15.2.1　扩散控制的晶粒长大

对于扩散控制的长大过程,假设在液体基质中有一个半径为 R 的球面,在

---

① 根据 15.1 节中的表示法,C 为 X_A^β。在下文中,为方便起见,将 X_A^β 表示为 C。

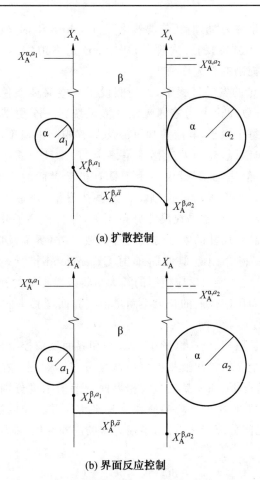

(a) 扩散控制

(b) 界面反应控制

图 15.2 半径为 a_1 和 a_2 的两个颗粒之间基质中溶质的浓度梯度示意图

球心放置一个半径为 a 的晶粒，考虑穿过球面的扩散通量（mol/s），显然，该扩散通量一定等于晶粒的质量变化率。如果 α 相是纯 A，并且 α 与 β 的摩尔体积相同，则

$$-\frac{4\pi R^2 D}{V_m}\frac{dC}{dR} = \frac{4\pi a^2}{V_m}\frac{da}{dt} \tag{15.13}$$

式中，D 是液相中 A 的扩散系数。

假设晶粒尺寸变化的瞬时速率 da/dt 是恒定的，则式（15.13）的积分给出

$$\frac{da}{dt} = -\frac{D(C_a - C_{\bar{a}})}{a} \tag{15.14}$$

由于 $C_a = C_\infty(1 + 2\gamma V_m/RTa)$，所以

$$\frac{\mathrm{d}a}{\mathrm{d}t} = \frac{2D\gamma C_\infty V_\mathrm{m}}{RTa}\left(\frac{1}{\bar{a}} - \frac{1}{a}\right) \tag{15.15}$$

图 15.3 描绘了晶粒长大速率随晶粒尺寸的变化关系(式(15.15))。小于平均尺寸的晶粒将溶解；大于平均尺寸的晶粒将长大。而且，最大长大速率出现在 $a = 2\bar{a}$ 处。但是，随着退火时间的不断增加，一开始处于长大状态的晶粒到一定时间后有可能开始溶解，理论上讲，只有开始时尺寸最大的晶粒才能够持续长大到最后。

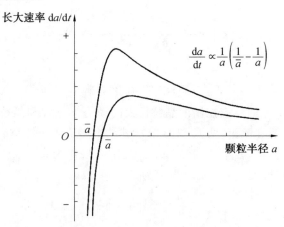

图 15.3　对于扩散控制长大(式(15.15))的两个不同平
均半径 $\bar{a}$ 的颗粒长大速率 $\mathrm{d}a/\mathrm{d}t$ 的变化

LSW 理论曾经预测了平均晶粒尺寸随退火时间的变化关系。然而，由于式(15.15)适用于每一个晶粒，所以，可以假设 $\overline{\mathrm{d}a}/\mathrm{d}t \approx (\mathrm{d}a/\mathrm{d}t)_{\max}$。然后，式(15.15)的积分给出 $\bar{a}_\mathrm{t}^3 - \bar{a}_0^3 = (3/2)(D\gamma C_\infty V_\mathrm{m}/RT)t$。除比例常数外，该方程与 LSW 方程完全相同，即

$$\bar{a}_\mathrm{t}^3 - \bar{a}_0^3 = \frac{8}{9}\frac{D\gamma C_\infty V_\mathrm{m}}{RT}t \tag{15.16}$$

根据 LSW 理论，不管开始时晶粒的尺寸分布情况如何，随着退火的进行，最终都将形成一个稳定的晶粒尺寸分布，且最大晶粒尺寸 $a_{\max} = 1.5\bar{a}$，如图 15.4 所示。在稳态分布中，最大频率对应晶粒尺寸 $a = 1.135\bar{a}$；而平均晶粒尺寸 $\bar{a}$ 的大小，与既不溶解也不长大的晶粒的临界晶粒尺寸 a^* 相同，即 $\mathrm{d}a/\mathrm{d}t = 0$。

15.2.2　界面反应控制的晶粒长大

假设晶粒界面处的反应(原子的附着和脱离)与其驱动力成线性比例，

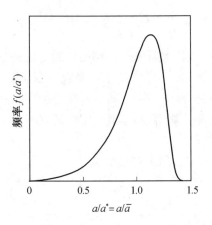

图 15.4　扩散控制长大的归一化颗粒尺寸的稳态分布

Wagner 推导了界面反应控制的晶粒长大的动力学方程和晶粒的稳态尺寸分布。这个假设是可疑的(见 15.2.3 节)，其结果不适用于解释反应控制所发生的真实现象。但是，在本节中，Wagner 的结果仅作为参考。在 Wagner 的反应假设下，晶粒长大速率 $\mathrm{d}a/\mathrm{d}t$ 表示为

$$\frac{\mathrm{d}a}{\mathrm{d}t} = K(C_{\bar{a}} - C_a) \tag{15.17}$$

式中，K 是包括界面迁移率的常数。

　　将式(15.17)与式(15.14)比较，发现随着晶粒尺寸的减小，系统内部晶粒长大的控制机制有可能从扩散控制转变为反应控制。然而，实际系统中控制机制是否发生改变是很难知道的，因为对式(15.17)与式(15.14)进行比较的前提是扩散控制和反应控制具有相同的界面迁移率，有可能该前提并不成立。

　　由式(15.17)可得

$$\frac{\mathrm{d}a}{\mathrm{d}t} = \frac{2K\gamma C_\infty V_\mathrm{m}}{RT}\left(\frac{1}{\bar{a}} - \frac{1}{a}\right) \tag{15.18}$$

所以，在某种意义上长大速率随晶粒尺寸的变化如图 15.5 所示。对平均长大速率使用与扩散控制相似的假设，可以很容易地导出动力学方程，除比例常数外，该方程与 Wagner 方程相同。稳态下 Wagner 的原始方程为

$$\bar{a}_\mathrm{t}^2 - \bar{a}_0^2 = \frac{64}{81}\frac{K\gamma C_\infty V_\mathrm{m}}{RT}t \tag{15.19}$$

　　图 15.6 显示了晶粒尺寸的稳态分布。与扩散控制的情况不同，反应控制长大的平均晶粒尺寸 $\bar{a}$ 与临界晶粒尺寸 a^* 不相等，$\bar{a}=(8/9)a^*$。预计最大晶粒尺寸为 $2a^*[=(9/4)\bar{a}]$。

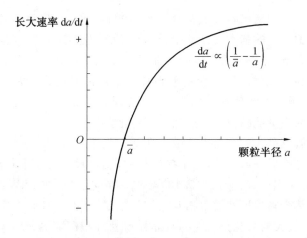

图 15.5   界面反应控制长大的颗粒长大速率 da/dt 的变化(式(15.18))

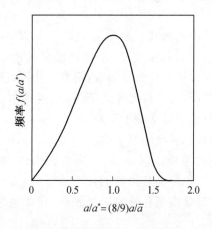

图 15.6   界面反应控制长大的归一化颗粒尺寸的稳态分布

15. 2. 3   LSW 理论的验证与局限性

为了使用 LSW 理论分析实际系统中的晶粒长大,必须首先确认该理论推导中涉及的基本假设的有效性。

其中最关键的假设是,在所有条件下,都具有恒定不变的界面(晶粒/基质界面)迁移率,包括驱动力的变化和固体的晶体学平面的变化。假设在任何条件下原子附着和脱离的速率都是相同的,该假设仅对于具有原子粗糙界面的圆形晶粒是合理的。对于具有平滑界面的小平面晶粒,该假设不成立。当晶粒长大的驱动力较低时,例如,在奥斯瓦尔德熟化中,小平面晶粒只能通过在平滑表面上二维成核或借助于缺陷(如螺旋位错或孪晶)长大。这些小平面晶粒长大机制意味着长大受界面反应控制，这与 Wagner 对于反应控制的奥斯瓦尔德熟化的基本假设有差异。小平面晶粒本身的形状表明，即使在恒定的驱动力下，界面迁移率也会随晶粒的晶面而变化。因此，Wagner 关于界面反应控制长大的理论不能用来解释小平面晶粒的奥斯瓦尔德熟化。最近，已经进行了一些数值计算的尝试，以解释界面迁移率随驱动力和晶体学取向而变化的小平面晶粒的奥斯瓦尔德熟化。

第二个假设是晶粒的无限分散。在此假设下，晶粒长大或溶解取决于晶粒实际尺寸与临界晶粒尺寸（对于扩散控制，临界尺寸等于平均尺寸）的相对值，其速率由式(15.15)和式(15.18)给出。换句话说，在 LSW 理论中，每个晶粒都在与某个临界尺寸发生相互作用。但是，在晶粒体积有限的实际系统中，扩散控制长大的晶粒长大速率与晶粒尺寸分布都随固相体积分数而变化（见下文）。另外，随着固相体积分数的增加，晶粒的形状会受到最近邻晶粒的影响。

第三个假设，基体中的溶质量随着退火时间是常数（不变），这是由无限分散假设所致。但是，在实际系统中，基体中溶质的溶解度会随着晶粒长大而降低，这会导致固体体积分数的增加（通过参考相图（图 15.1(a)）可以很容易理解这个结果）。然而，在晶粒尺寸大于 $1~\mu m$ 且溶解度随晶粒尺寸变化不明显的实际系统中，该假设通常并不重要。

第四个假设涉及控制速率的原子团/原子。在 LSW 理论中，控制晶粒长大的原子团是基体中的溶质。但是，对于化合物来说，起控制作用的原子团可能会有所不同。为了保持晶粒正确的化学成分，还需要基体中发生扩散的各原子团相互耦合。就像离子化合物中的扩散，可以通过有效扩散系数来满足该条件（见 13.1 节）。

除了扩散控制长大的理论，Wagner 进一步发展了反应控制长大的理论。但是，如上所述，该理论对于实际系统是不可接受的。从物理和定义上看，扩散控制的长大与界面反应控制的长大之间的根本区别是它们对基体体积分数的依赖性。对于扩散控制，长大速率一定随着基体体积分数的增加而降低；而对于反应控制的长大，理论上该速率与基体的体积分数无关。基于此概念，已经进行了一些实验测试。对于氧氮化物玻璃中的 SiAlON 晶粒，其长大与液相的体积分数无关，这表明长大受界面反应控制。之前对 TaC—Co 合金的研究还表明，小平面 TaC 晶粒的长大速率与 Co 基体分数无关。但是，晶粒长大速率对液相体积分数的独立性，仅对特定范围的液相体积分数和晶粒长大驱动力有效（见 15.4 节）。

LSW 理论的动力学方程和晶粒尺寸分布，关注的只是稳态长大（晶粒尺寸的分布状态与时间无关)。如果由于体积分数随退火时间的变化(如在析出的初期),晶粒中非恒定的溶质浓度(如在 SiAlON 陶瓷中)和晶粒的非稳态分布(例如在晶粒长大的初期)等不能满足稳态生长条件,此时使用该理论方程分析晶粒长大数据,就必须小心。因此,对于基于 LSW 理论的数据分析,首先必须确认相关系统中的稳态长大。先前对基体中析出物或晶粒长大的许多研究,很遗憾是在没有这种确认的情况下进行的动力学分析。

实际上,由于晶粒体积分数不为零,与在 LSW 理论中不同,当长大受液相中原子的扩散控制时(扩散控制),长大动力学受体积分数的影响。关于体积分数对晶粒长大动力学和晶粒尺寸分布的影响,已经进行了许多理论和实验研究。研究表明,长大方程基本上与式(15.16)相同,但是比例常数随晶粒体积分数的增加而增加。至于晶粒尺寸分布,晶粒体积分数增加使分布变宽。对于可以应用平均场概念的系统,如在 LSW 理论中,晶粒尺寸分布预计为 Wagner 反应控制长大的晶粒尺寸分布。但是,对于晶粒长大受局部环境影响的系统,即在相邻晶粒可发生物质交换的系统内,可以预见其晶粒尺寸分布与 LSW 分布不同。实际上,由于单个晶粒的形状受其邻近晶粒的影响,所以采用邻近晶粒发生物质交换的概念处理相关问题应更为现实。已经在许多系统中测量了液相基体中晶粒的尺寸分布。最近结果显示,瑞利分布可能与实际测量的晶粒尺寸分布更为一致。

为了测量液相烧结材料的显微组织特征,如晶粒体积分数、平均晶粒尺寸和晶粒尺寸分布,采用了包括点、线和面分析的定量金相分析技术。这些分析的详细信息,在许多参考文献中都有详细记录,并已被开发为计算机程序。然而,为了估计长大动力学,如果晶粒尺寸分布不随退火时间变化,那么,只要简单测量最大晶粒尺寸随退火时间的变化就足够了。

15.3　液相中的晶粒形状

当晶粒长时间浸入与该晶粒化学平衡的液相中时,该晶粒呈现出具有最小界面能的形状,即平衡形状。另外,对于具有许多大小不同晶粒的系统,小晶粒将逐渐溶解,表现出收缩的形状,而大晶粒则发生长大,表现出长大形状。

如果可以忽略包括重力和表面应力在内的外力,则基质中晶体的平衡形状由总界面能 $\sum_i \gamma_i A_i$ 的最小值确定。其中 γ_i 是晶面 i 的比界面能;而 A_i 是其面积。换句话说,在恒定温度、恒定体积和恒定成分下,当形状变化导致总界面能增加时,即

$$\delta\left(\sum_{i=0}^{m} \gamma_i A_i\right) > 0 \tag{15.20}$$

原始晶体的形状是平衡形状。因此,如果界面能是各向同性的,就像液滴,则平衡形状是球形。否则,晶体可以具有边、角和小平面的形状。知道了晶面的表面能和从晶体中心到晶体表面的垂直距离之间的简单关系,Wulff(沃尔夫)从式(15.20)得出了一个定理,该定理从晶体的表面能及其晶体学取向预测晶体的平衡形状。后来,Herring 表明沃尔夫定理同样适用于具有部分圆形表面的晶体。

Wulff 定理可以从包含单晶的孤立系统的平衡条件,即该系统的最小自由能条件导出。在恒温平衡条件下,系统的亥姆霍兹自由能的无穷小变化 dF 表示为[①]

$$dF = \sum_i \gamma_i dA_i + \left(\frac{\partial F}{\partial n^c}\right)_{T,V} dn^c + \left(\frac{\partial F}{\partial V^c}\right)_{T,V} dV^c +$$
$$\left(\frac{\partial F}{\partial n^s}\right)_{T,V} dn^s + \left(\frac{\partial F}{\partial V^s}\right)_{T,V} dV^s = 0 \tag{15.21}$$

式中,n 表示物质的量;V 表示体积;c 和 s 分别表示单晶和周围相。

式(15.21)被重写为

$$\sum \gamma_i dA_i + (\mu^c - \mu^s) dn^c - (P^c - P^s) dV^c = 0 \tag{15.22}$$

假设 h_i 为从晶体中心到平面 i 的垂直距离,$V^c = 1/3\left(\sum_i A_i h_i\right)$ 且有

$$dV^c = \frac{1}{2} \sum_i h_i dA_i \tag{15.23}$$

所以

$$\sum_i \left[\gamma_i - \frac{h_i}{2}(P^c - P^s)\right] dA_i + (\mu^c - \mu^s) dn^c = 0 \tag{15.24}$$

如果 dA_i 和 dn^c 彼此独立,则

$$P^c - P^s = \frac{2\gamma_i}{h_i} \tag{15.25a}$$

且

$$\mu^c = \mu^s \tag{15.25b}$$

在平衡时,$(P^c - P^s)$ 为常数,并且

$$\frac{2\gamma_1}{h_1} = \frac{2\gamma_2}{h_2} = \cdots = \frac{2\gamma_i}{h_i} \equiv K_w \tag{15.26}$$

---

① 使用亥姆霍兹自由能可避免考虑体积随压力的变化。

式中，K_w 是沃尔夫常数（沃尔夫定理）。

　　晶体中原子的化学势 μ 为

$$\mu = \mu^\circ + \frac{2\gamma_i V_m}{h_i} \tag{15.27}$$

其形式类似于球体的形式。

　　图 15.7 为沃尔夫结构的一个例子，它允许从其 γ 图（显示表面能随晶体取向变化的极图）确定晶体的平衡形状。当原子的内能（结合能）比熵对自由能的贡献大时，γ 图中出现尖点（交点）。考虑原子的结合能而不考虑熵的贡献，可以很容易地构建 0 K 的 γ 图，0 K 时晶体的平衡形状是完全小平面。

　　为了从 γ 图确定平衡形状，将极图中所有的 γ 点与图的中心连线，并在 γ 点上构建垂直平面（沃尔夫平面）。然后，由沃尔夫平面包围的最小体积显示出晶体的平衡形状。这是因为平面的表面能与从中心到 γ 点的距离成正比，因此总表面能与沃尔夫平面所包围的体积成正比。当 γ 图中出现最小尖点（交点）时，会出现小平面。对于 γ 图中的能量最大的点和线，在平衡形状中出现角和棱。

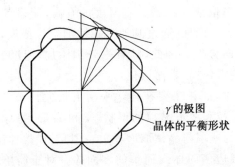

　　图 15.7　平衡晶体形状的表面能 γ 的极图和沃尔夫结构

　　为了在实验上观察晶体的平衡形状，必须确认想要观察的晶体是否呈现出这种形状。由于基体中晶体的平衡形状与包埋在晶体内的基质的平衡形状相同，因此可以通过观察被包埋的基质的形状来确定平衡晶体的形状。如果许多随机取向的晶粒呈现出平衡形状，则形状也可以从晶粒的晶面取向和平面截面上晶粒界面的方向立体确定，这可以通过电子背散射衍射技术获得。对于在加工温度下界面能各向异性较低的金属，其平衡形状通常为球形或带有尖角和棱边的圆形。另外，陶瓷通常表现出界面能的高各向异性，并且它们的平衡形状通常是多面体。图 15.8 显示了 CaMgSiAlO 玻璃基质中的 $MgAl_2O_4$ 尖晶石晶粒和夹在该晶粒中的玻璃滴。根据多个横截面上截留的第二相的形状以及完全消除基质后观察到的三维形状，可以确定晶粒的平衡形状。对于 CaMgSiAlO 玻璃中的 $MgAl_2O_4$ 尖晶石,平衡形状被确定为八面体。

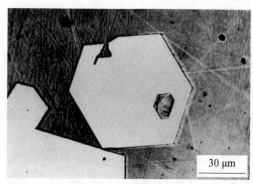

图 15.8　显微组织显示 CaMgSiAlO 玻璃基质中的 $MgAl_2O_4$ 尖晶石晶粒和包在该晶粒中的玻璃相

晶体的平衡形状随热力学参数而变化,如化学成分和温度,因为界面能是这些参数的函数。在许多情况下,界面能的各向异性会随着杂质在界面处的偏析而降低。由于空位浓度的增加和温度的升高,能量各向异性降低,并因此增加了熵的贡献。类似地,通过其他方式增加空位浓度,如氧分压变化,也降低了界面能的各向异性。因此,随着掺杂剂添加,温度升高或氧分压变化,小平面界面可能变得粗糙(界面粗化)。

在液相烧结过程中,晶粒主要在化学平衡下长大。如果固/液界面能是各向同性的,则长大晶粒和溶解晶粒的形状(G 和 D 形)是球形(圆形)的,因为长大的速率和溶解的速率与晶体取向无关。但是,如果速率随晶体取向而变化,则形状会变为圆边多面体或简单的多面体。对于简单多面体,速率通常由界面反应控制,并且形状基本上可以用佛兰克理论来解释。对于长大过程中呈现的形状,通常出现缓慢生长的平面,并且它们具有较低的界面能。另外,溶解形状由快速溶解平面组成。然而,当界面能各向异性不是很高时,溶解形状趋于圆形和球形。

15.4　液相基质中的异常晶粒长大

在液相基质中存在许多异常晶粒长大的例子,它们都涉及小平面晶粒。这表明晶粒界面的小平面化是异常晶粒长大的必要条件。特别是,最近的研究表明,在同一系统中,晶粒形状与晶粒长大行为之间有相关性。对于 $SrTiO_3$、SiC 和 $BaTiO_3$ 系统中的小平面晶粒,发生了异常晶粒长大。但是,当引起界面粗化时,即通过提高烧结温度、改变烧结气氛(氧分压)或添加掺杂剂等方法使晶粒形状变圆,生长行为变得正常。在同一系统中的这些观察结果强烈支持晶粒的小平面化可以诱导异常晶粒长大的理论。

最近尝试了对液相基质中异常晶粒长大的理论进行解释和分析。这些是基于先前的实验和熔体中晶体生长的理论。根据先前的晶体生长研究,小平面晶体的生长或者借助于表面缺陷,如螺旋位错和孪晶界,或者在没有表面缺陷的情况下通过二维形核和生长,如图 15.9 所示。对于具有粗糙界面的晶体,生长由扩散控制,且长大速率与驱动力成线性比例,即界面迁移率恒定。另外,如果基质中原子的扩散足够快,则通过界面反应,控制具有小平面界面的晶体长大;长大速率不是驱动力的线性函数,并且作为驱动力函数的界面迁移率也随界面的晶面而变化。根据晶体生长理论,对于螺旋位错辅助生长,小平面的长大速率 v 表示为

$$v = A_1 \frac{(\Delta G)^2}{\varepsilon} \tan h \left(\frac{\varepsilon}{\Delta G} \right) \tag{15.28}$$

式中,A_1 是包括材料常数和物理常数的常数;ΔG 是长大驱动力;ε 是晶体的台阶自由能(也称为边缘能)。

另外,对于二维成核和长大,长大速率表示为

$$v \propto A_2 \left(\frac{\Delta G}{T} \right)^n \exp \left(-\frac{A_3 \varepsilon^2}{T \Delta G} \right) \tag{15.29}$$

式中,A_2 和 A_3 是包含材料常数和物理常数的常数;T 是界面温度;n 为指数。对于单核和长大(MNG),n 值为 1/2;对于多核和长大(PNG),n 值为 5/6。对于 MNG,A_2 包括界面区域;但对于 PNG,A_2 不包括界面区域。

长大方程(式(15.28)和式(15.29))表明,长大速率基本上是缺陷辅助长大驱动力的抛物线函数,以及二维成核和长大的指数函数,如图 15.9 所示。这些结果表明,对于晶体的明显长大,特别是对于没有表面缺陷的晶体的长大,存在临界驱动力。临界驱动力 ΔG^c 随二维核的台阶自由能而变化,而台阶自由能又受温度和掺杂剂的影响。随着台阶自由能的减少,ΔG^c 减小。

注意到液相基质中晶粒的长大与熔体中单晶的长大相同,Park 等建议只有当长大的驱动力大于临界值 ΔG^c 时,小平面晶粒的明显长大才是可能的,如图 15.9 所示。单个晶粒长大的驱动力来自该晶粒与长大速率为零的晶粒之间的尺寸差异。对于有效半径为 a 的小平面晶粒,要有明显的长大,必须满足下式:

$$\Delta G^c \leqslant 2\gamma V_m \left(\frac{1}{a^*} - \frac{1}{a} \right) \tag{15.30}$$

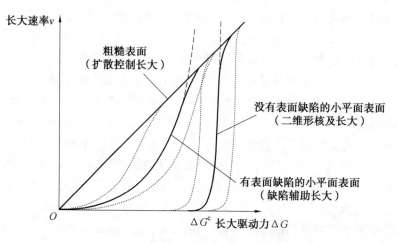

图 15.9　各种长大模式下长大速率随驱动力的变化示意图
(虚线描绘了小平面晶体的不同晶面的长大速率)

式中,a^* 是在某时刻具有零长大速率($da/dt=0$)的晶粒的临界半径。

对于明显长大,为了满足式(15.30),a^* 必须小于临界值,而 a 必须大于某个值。对于驱动力大于 ΔG^c 的晶粒将发生明显的长大;而对于驱动力小于 ΔG^c 的晶粒,几乎没有长大。晶粒这种选择性长大的结果一定是晶粒尺寸的双峰分布,显示出异常晶粒长大。对于恒定温度下的给定系统,有许多满足式(15.30)的 a^* 和 a 的相对值。随着平均晶粒尺寸的减小,满足式(15.30)的晶粒数量增加,而如果平均晶粒尺寸超过一定值,则没有晶粒能满足该式。该结论表明,即使晶粒是小平面的,也不会导致粗大晶粒的异常晶粒长大。该预测与在 WC—Co 和 BaTiO₃ 中的实验观察一致[①]。然而,在由球形晶粒构成的系统中,小平面晶粒发生明显长大需要临界驱动力的判断,在添加了晶种的体系的实验中得到了证实。在 WC—Co 压坯中,具有高长大驱动力的大籽晶会导致异常晶粒长大,而没有籽晶则不会发生异常晶粒长大。但是,在具有圆形晶粒的体系中,加入晶种不会引起任何异常晶粒长大。这些理论和实验证实,只有当基质中的晶粒是小平面和细小的,并且通过界面反应控制长大时,才会发生异常晶粒长大。

如图 15.9 所示,如果小平面表面的长大速率低于粗糙表面的长大速率,

---

① 在没有液相的 BaTiO₃ 中观察到的类似晶粒尺寸效应,支持了单相系统中异常晶粒长大的解释(见 9.2.1 节),这是基于小平面晶界在驱动力作用下的非线性迁移,就像固/液界面(图 15.9)。

则小平面表面的长大速率遵循式(15.28)或式(15.29)。如果小平面表面的长大速率超过粗糙表面的长大速率,则基本遵循扩散控制的长大方程,即式(15.15)。换句话说,长大速率由扩散和界面反应这两个连续过程中较慢的过程决定。当原子的扩散比界面反应慢时,小平面的长大也受扩散控制。小平面的长大速率 v 在驱动力很大的变化范围内符合

$$v = \frac{v_R v_D}{v_R + v_D} \tag{15.31}$$

式中,v_R 是受界面反应控制的长大速率(式(15.28)或式(15.29));v_D 是受扩散控制的长大速率(式(15.15))。

在高驱动力和高长大速率下,可发生小平面的动态粗化,在微尺度上显示出明显的圆形,并且在纳米尺度上具有良好发育的小平面。由于高驱动力下小平面晶粒的长大速率受扩散控制,因此预计液相基质中小平面晶粒的长大行为会受到液相体积分数的影响。图 15.10 示意性地显示了在低体积分数和高体积分数的液相中,小平面的长大速率随驱动力的变化。对于具有高扩散速率的低体积分数,小平面晶粒的长大速率是非常不同的,取决于其长大的驱动力:驱动力大于 ΔG^c 的晶粒的长大速率非常高,而驱动力小于 ΔG^c 的晶粒的长大速率非常低。随着液相体积分数的增加,由扩散控制的长大速率降低。然后,驱动力大于和小于 ΔG^c 的晶粒之间的长大速率差异减小了。这表明对于给定的具有小平面晶粒的体系,在低体积分数的液相中发生异常晶粒长大;而对于高液相体积分数,可以表现出较少的异常晶粒长大,正常晶粒长大行为更显著。实际上,在一些具有小平面晶粒的系统(如 NbC−Ni 和 TiC−Ni)中,能够观察到这种液相体积分数效应的预期。

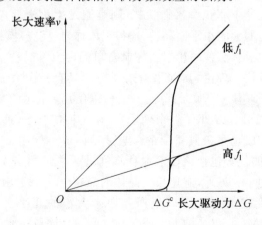

图 15.10　液相体积分数 f_1 对小平面长大速率的影响示意图

如式(15.28)和式(15.29)所示，临界驱动力 ΔG^c 随阶跃自由能的减小而减小。阶跃自由能随温度和掺杂剂变化很大。由于阶跃自由能随着温度升高(反过来，二维成核的激活能)降低，因此 ΔG^c 随温度升高而降低。随着阶跃自由能和 ΔG^c 的降低，如果降低不太多，不会导致伪正常晶粒长大，则在同一系统中具有较大异常晶粒的可能性有望增加。(如果阶跃自由能为零，则会发生扩散控制的长大，并导致正常晶粒长大。)事实上，在 Si_3N_4 系统中，温度的升高促进了异常晶粒长大。

模拟研究了阶跃自由能对晶粒长大行为的影响。图 15.11 显示了 Cho 进行的蒙特卡罗模拟的结果。Cho 假定晶粒网络是位于二维方格顶点上的一组具有高斯尺寸分布(标准偏差为 0.1)的晶粒。使用式(15.31)确定速率方程，v_D 的方程(15.15)和 v_R 的方程(15.29)被用于计算晶粒之间的质量传输。如图 15.11 所示，长大行为主要取决于阶跃自由能，更具体而言取决于 ε^2/T。对于低的 ε^2/T 值，长大行为显然是正常晶粒长大；随着 ε^2/T 值的增加，出现异常晶粒长大行为。对于较大的 ε^2/T，异常晶粒长大行为变得更加明显，因为二维成核更加困难，并且只有少数驱动力大于 ΔG^c 的大晶粒会异常长大。随着异常晶粒数量的减少，在相同退火时间内，异常晶粒的尺寸增大。但是，对于非常大的 ε^2/T，可以抑制任何晶粒表面上的二维成核，并且显然不会导致长大，如图 15.11 所示。通过基于平均场方法对分散在液相或基质上的小平面晶体的数值分析，预测了晶粒长大行为对阶跃自由能的相似依赖性。

近年来，已经深入研究了多晶中异常晶粒长大行为在材料加工中的应用(例如，多晶织构和单晶的制备)，可以通过将晶种(或模板)嵌入细小的基质晶粒中，并在高温下对其退火来制造多晶织构。在晶种的长大过程中，如果晶种与基质晶粒处于非化学平衡状态，则可能发生化学反应，并且可能形成具有晶体学取向的大的小平面晶粒，这种现象称为(反应)模板法晶粒长大。

又如用有或没有晶种的粉末压坯制备单晶。没有晶种，必须控制压块中异常大晶粒的成核。理论上，如果粉末压坯中只有一个大晶粒，则可以制备出一个与粉末压坯体积等大的单晶。也可以使用单晶基质或晶种由粉末压坯制造单晶(图 15.12 给出了一个例子)。在这种情况下，抑制粉末压坯中大的异常晶粒的形成也是极其重要的。与从熔体或蒸气中长大单晶的常规技术相比，该技术的优势包括该技术本身简单、易于控制化学，以及所制得晶体的化学成分波动小。另外，避免长大晶体内滞留气孔对于制备完全致密的单晶至关重要。现在商业上可以生产几厘米大小的几乎无孔的 $BaTiO_3$ 和 $PMN-PT(Pb(Mg_{1/3}Nb_{2/3})O_3-PbTiO_3)$ 单晶。这种技术被称为固态单晶长大(SSCG)技术。由于该技术利用了晶种的异常晶粒长大，因此理论上它可

低

$\dfrac{\varepsilon^2}{T}$

高

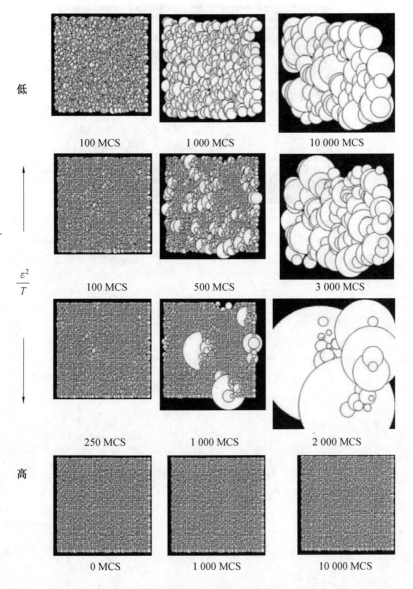

100 MCS　　　1 000 MCS　　　10 000 MCS

100 MCS　　　500 MCS　　　3 000 MCS

250 MCS　　　1 000 MCS　　　2 000 MCS

0 MCS　　　1 000 MCS　　　10 000 MCS

图 15.11　用阶跃自由能 ε 模拟显微组织的发展（假定初始尺寸分布为高斯分布）
应用于具有小平面界面且经常表现出异常晶粒长大行为的任何系统。

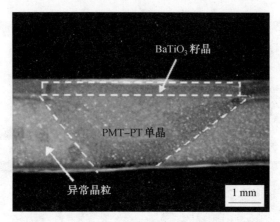

图 15.12　经 1 200 ℃/50 h 退火后，在细晶粒（PMN－PT）－2Li₂O－6PbO
（摩尔分数，％）基质上，由 BaTiO₃ 晶种长大的 Pb（Mg$_{1/3}$Nb$_{2/3}$）O₃ －
35PbTiO₃（摩尔分数，％）（PMN－PT）单晶的形貌（基质中可见一些异常晶粒）

第16章 致密化模型与理论

到目前为止,已经开发了两种模型和理论来解释液相烧结过程中的致密化:一种是经典的三阶段模型和理论;另一种是气孔填充模型和理论。

16.1 经典模型与理论

液相烧结的经典模型和理论认为,液相烧结可分为三个阶段:
(1)液相流动使颗粒重排;
(2)通过溶解/再沉淀(也称为溶解/沉淀)过程产生接触压扁;
(3)固相烧结。

16.1.1 初期:颗粒重排

Kingery 认为,初期致密化是在液相形成后立即在液相流动过程中通过颗粒重排发生的。参考固相烧结中黏性流动的动力学方程,他认为收缩是按照以下方程发生的:

$$\frac{\Delta l}{l} = \frac{1}{3}\frac{\Delta V}{V} \propto t^{1+y} \tag{16.1}$$

式中,t 是烧结时间;y 是小于 1 的常数,它反映了颗粒重排过程中黏性流动阻力的增加和气孔尺寸减小导致的驱动力的增加对致密化动力学的修正。

Kingery 进一步提出,烧结密度的绝对增加与液相的体积分数成线性比例,当液相的体积分数超过一定值时,完全致密化是可能的。

但是,以这种方式使用式(16.1)的理由尚不确定,实际上该建议仅是一个没有任何实验依据的建议。在液相烧结开始时是否发生黏性流动,很大程度上取决于固体晶粒之间的二面角和液相的体积分数。在这两个参数中,二面角一定是主要的。当该二面角大于 0°并且在加热至液相烧结温度过程中形成固体骨架时,如在 W—Ni—Fe 合金中那样,则预期没有颗粒的黏性流动并且没有颗粒的重排。

仅当二面角为 0°时,才可能发生黏性流动和颗粒重排。如果液相体积分数很高,则会发生黏性流动,如图 16.1 所示的 Mo—Ni 体系。但是,对于低液相体积分数,颗粒的局部重排一定是主要的,正如最近通过计算机模拟所证明的那样。模拟结果表明,尽管可以实现轻微的收缩,但就像固相烧结,通过颗粒重排形成了较大的气孔。颗粒重排可能不利于整体致密化,因为最终的致密化是由压坯中最大气孔的消除来控制的。

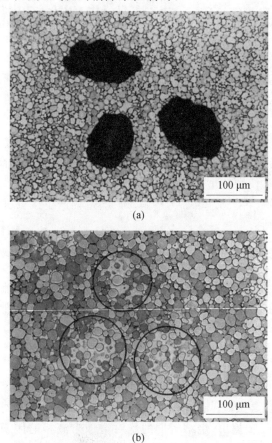

(a)

(b)

图 16.1　(a)92Mo(7 μm)－5Ni(1.5 μm)－3Ni(100 μm)样品在 1 460 ℃烧结 1 min 后,在较大的 Ni 颗粒位置形成约 100 μm 的大气孔;(b)在 1 460 ℃烧结 3 min 的同一试样中,由晶粒－液相混合物流动到大气孔位置形成的液相－晶粒团(如圆圈内所示)

16.1.2　中期:接触压扁

在经典理论中,中期的特征是接触压扁(溶解/再沉淀过程导致晶粒形状的变化)。假定颗粒重排阶段之后瞬间的显微组织由液相基质中均匀分布的晶粒和单一尺寸的气孔组成。通过这种假设,可以简化显微组织并将其表示为两个颗粒,在颈部表面有液相和气孔,如图 16.2 所示。Kingery 进一步假设在致密化过程中没有晶粒长大,固体能够向液相中溶解,并且在颗粒之间存在液膜,即二面角为 0°。

　　在这些条件下,由于液相的毛细管压力和表面张力作用,在两个颗粒之间施加了压应力①(见 14.2 节)。由于在接触区域的这种压应力,接触区域原子的化学势高于其他位置(即在颈部区域的表面)。因此,接触区域的固相发生溶解,并且溶解的物质被传输到颈部表面。由于这种物质的传输,接触面积增加并且晶粒形状发生调整适应(接触压扁)。同时,气孔连续收缩并且压坯致密化。Kingery 认为大气和液相之间的压力差是颗粒之间的压应力,但是如 14.2 节所指出的,液相的表面张力也对压应力有贡献。就像 LSW 理论,Kingery 认为液相中原子的扩散和固/液界面的反应是物质传输的控制机理。尽管反应控制的假设是不合理的(见 15.2.3 节),但将引入原始方程以供参考。

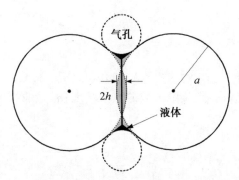

图 16.2　Kingery 的液相烧结的双颗粒模型

1. 通过扩散控制的接触压扁

　　通过接触区域薄液膜扩散发生的物质传输与 Coble 的中期模型的物质传输相似。因此

$$J = 4\pi D \Delta C \qquad (16.2)$$

并且

---

　　①　液相不能承受剪切应力,也不能在颗粒之间传递压应力。假设两个颗粒之间的液膜表现为可以传递压应力的准固体。

$$\frac{\mathrm{d}V}{\mathrm{d}t}=2\pi a h \frac{\mathrm{d}h}{\mathrm{d}t}$$

$$\|$$

$$\delta_1 J = 4\pi D\delta_1\Delta\ C \infty 4\pi\ k_1 D\delta_1 C_\infty \frac{\gamma V_\mathrm{m}}{hRT} \tag{16.3}$$

式中,δ_1 是液膜厚度;D 是液膜中溶质原子的扩散系数;k_1 是由几何参数决定的常数,如孔径和接触面积;C_∞ 是无限大的固体在液相中的溶解度;γ 是固/液界面能(γ_sl)。

其他参数如图 16.2 中所示。因此,收缩率 $\Delta l/l_0$ 表示为

$$\frac{\Delta l}{l_0}=\frac{h}{a}\approx\frac{1}{3}\frac{\Delta V}{V}=\left(\frac{6\,k_1\delta_1 DC_\infty\gamma V_\mathrm{m}}{RT}\right)^{1/3}a^{-4/3}t^{1/3} \tag{16.4}$$

该式表明收缩率与烧结时间的三分之一次方成正比。

2. 通过界面反应控制的接触压扁

通过界面反应控制的物质传输速率,被认为与反应常数和接触面积成正比。则

$$\frac{\mathrm{d}V}{\mathrm{d}t}=2\pi a h \frac{\mathrm{d}h}{\mathrm{d}t}$$

$$\|$$

$$k_2\pi x^2(a_i-a_\mathrm{io})=2\pi k_2 ha(a_i-a_\mathrm{io}) \tag{16.5}$$

式中,k_2 是比例常数;a_i 是接触区域的原子活度;a_io 是非接触颈部区域的原子活度。

考虑到 $a_i\approx C$,则

$$\frac{\Delta l}{l_0}=\frac{h}{a}\approx\frac{1}{3}\frac{\Delta V}{V}=\left(\frac{2\,k_1\,k_2 C_\infty\gamma V_\mathrm{m}}{RT}\right)^{1/2}a^{-1}t^{1/2} \tag{16.6}$$

该式表明收缩率与烧结时间的二分之一次方成正比。

16.1.3　后期:固相烧结

在 Cannon 和 Lenel 的烧结模型中,提出通过溶解/再沉淀过程进行相当程度的致密化并形成晶界之后,溶解/再沉淀的贡献变得微不足道,并且最终致密化通过类似于固相烧结的烧结过程发生。然而,这种类型的烧结在液相烧结中不起作用,因为液相烧结的致密化动力学比估计的固相烧结动力学快得多。Kingery 认为这个可疑阶段没有现成的动力学方程可用,而且接受了 Cannon 和 Lenel 的三阶段模型。

16.1.4　经典理论的适用性

自从经典模型和理论发展以来,用三阶段模型和理论解释分析了液相烧

结的几乎所有现象和动力学。特别是第二阶段的理论,即接触压扁理论,数十年来一直是液相烧结的标准理论,尽管一些研究者对基本假设的有效性提出了疑问。还开发了修正的接触压扁理论,其中考虑到晶粒长大并将气孔填充包括在内,观察到气孔填充是液相烧结过程中发生的基本现象。无论是否考虑晶粒长大,接触压扁模型基本上是双颗粒模型,类似于固相烧结初期的模型。根据该理论,粉末压坯的致密化和收缩是通过从晶粒之间接触区域薄液膜到非接触颈部区域的物质传输来实现的,如在固相烧结中那样。该过程导致了孔径的不断减小和晶粒形状的连续变化,晶粒形状应该变得越来越接近六边形,直到气孔完全消失。

接触压扁理论包含一些固有的问题。一个问题是随着烧结时间的延长,孔径连续减小。因此,在孔径分布中,随着烧结的进行最大孔径和大孔的比例一定连续减小。然而,在实际烧结中未观察到孔径分布的这种变化。相反,小孔的比例下降,大孔的比例保持到最终致密化。另一个问题是致密化过程中晶粒形状的连续变化。连续的晶粒形状变化意味着只要压坯中存在气孔,就可以获得形状变化的驱动力。这是完全不能接受的,因为从常规液相烧结开始,大多数晶粒就在静水压力下浸入液相中。(关于两相系统的平衡显微组织见 3.3 节,也可参考习题 6.20。)认为最终致密化前后晶粒形状有很大不同也是不现实的。在实际的显微组织演变中,晶粒形状似乎不随致密化而改变,并且该理论假设存在液膜。但是这种假设严重限制了该理论对实际系统的适用性。当二面角大于 0°并且接触区域不存在液膜时(这对于大多数液相烧结系统是很常见的),致密化通过晶界扩散或体积扩散非常缓慢地发生,并且动力学应变得类似于固相烧结的动力学。但是,实际系统中的致密化比接触压扁预测的要快得多,表明这种类型的致密化在液相烧结中可以忽略。

满足接触压扁基本假设的系统包含单一尺寸的颗粒和非常少量的液相。在这种系统中,对于接近 0°的润湿角,液相局限于颈部区域(图 14.5(a)),并且可以忽略晶粒长大。然后可以使用 Kingery 的双颗粒模型解释致密化(图 16.2)。但是,即使在这种情况下,由于后续的气孔填充,通过接触压扁的致密化也受到限制。

图 16.3 显示了颗粒呈面心立方堆积的压坯由双颗粒模型计算的致密化随液相体积分数的变化曲线。(计算中使用的常数是液相烧结中的典型值:润湿角和二面角均为 0°;摩尔体积为 10^{-29} m^3;液相中的扩散系数为 10^{-9} m^2/s;γ_l 为 1 J/m;γ_l/γ_{sl} 为 4 和 kT 为 10^{-20} J。)致密化曲线上的小空心圆表示三叉晶界上的连续气孔通道被打破而气孔开始变成孤立气孔的时刻。小的实心圆表示

液体开始填充位于四面体位置的气孔的临界时刻。图 16.3 中的致密化曲线的特点是,随着烧结时间的延长和液相体积分数 f_1 的增加,致密化速率降低。该结果归因于以下事实:在烧结过程中,液相毛细压力随着液面曲率半径的增加而减小,同时也随着 f_1 的增加而减小。

　　图 16.3 中的致密化曲线表示在理想几何形状的压坯中,接触压扁的最大贡献。但是,在实际系统中,不满足这样的条件。接触压扁的发生,一定限于在将压坯加热到液相烧结温度之前,以及在液相烧结的非常早期阶段使晶粒达到其平衡形状的过程。如 Lee 和 Kang 最近所讨论的,对于给定体积分数的液相,要达到平衡的晶粒形状,不但涉及接触压扁,而且还涉及晶粒长大。

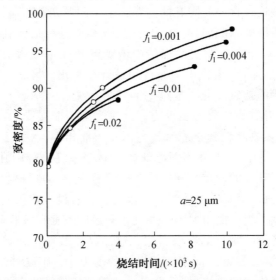

图 16.3　假设晶粒不长大,对于液相体积分数不同的体系,计算的致密度随烧结时间的变化(计算中使用的物理常数,请参见正文)

　　到目前为止的讨论表明,在实际的液相烧结中,接触压扁是微不足道的。它可以在液相烧结的非常早期阶段就起作用,以有助于获得晶粒的平衡形状。但是,对于给定体积分数的液相,一旦晶粒的形状达到平衡,则基本上没有进一步接触压扁和致密化的驱动力。最近的计算表明,接触压扁对致密化的贡献仅限于二面角为 0° 的特定系统的非常早期阶段和颗粒之间呈点接触的状态。在其他条件下,致密化预计通过气孔填充发生。

16.2　气孔填充模型与理论

16.2.1　气孔填充模型的发展

通过一系列实验观察,建立了液相烧结的气孔填充模型。Kwon 和 Yoon 首先观察了 W－Ni 系统液相烧结过程中的显微组织变化,并提出了一个三阶段模型:液相聚集、液相再分配、液相填充气孔。

Kwon 和 Yoon 采用三阶段模型而不是经典模型描述了液相的行为。样品中心的液相聚集是一种液相流动,以使压坯中晶粒固体骨架的总液/气界面能最小化。另外,液相再分配是一个过程,由此可获得孔径较为均匀分布的均匀显微组织。当压坯被缓慢加热时,这两个阶段发生在相对短的烧结时间内,甚至发生在达到液相烧结温度之前。因此,整个烧结动力学由第三阶段——气孔填充阶段控制。

可以通过参考先前在 Mo－Ni 模型系统中观察到的显微组织演变来解释气孔填充过程。在某些包含低熔点球形颗粒和高熔点基体颗粒的模型系统中,进行了气孔填充的早期实验观察。图 16.4(a)显示了 Mo－Ni 压坯中在约 100 μm 的大 Ni 颗粒的位置形成的孔。如果没有发生晶粒－液相混合物的黏性流动,那么这种孔在一定的烧结时间内是稳定的,并且孔周围的晶粒发生长大以匹配孔的形状。在图 16.4(a)中,Mo－Ni 样品的循环烧结处理证明了周围晶粒的横向生长。在单个晶粒内显示的晶界是在冷却和再加热循环过程中材料沉淀形成的层,因此显示每个烧结循环后晶粒的形状。同样清楚的是,气孔没有随着烧结时间连续收缩,这与 Kingery 理论的建议相反。然而,经过一段时间后,通过液相填充,气孔瞬间消失,在其位置形成液囊,如图 16.4(b)所示。(图中液囊周围的凹形固/液界面表明,在液囊位置曾存在一个大孔,并且恰好在样品冷却之前就充满了液体。)填充气孔后,通过在液囊周围的凹形固/液界面的优先材料沉积,使液囊均匀化。在图 16.5 中,晶粒 A 与液囊的腐蚀晶界显示出材料的优先沉积,从而导致显微组织均匀化。后来在具有天然气孔的实际系统中也观察到类似的气孔填充,如图 16.6 所示(圆圈内的液囊)。

气孔填充的驱动力是液相压力差。图 16.7 显示了晶粒长大过程中样品表面和孔表面的显微组织示意图,以解释驱动力。如果气孔中的气体压力与压坯外部的气体压力相同,则由于液相的静水压力,压坯表面和气孔表面的液面曲率半径相同(图 16.7(a))。只要气孔是稳定的,显微组织以自相似的

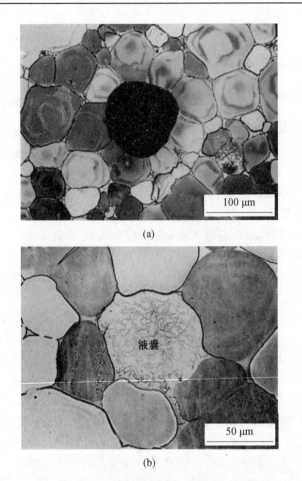

图 16.4　96Mo－4Ni 烧结后的显微组织

((a)1 460 ℃三循环烧结(30＋30＋30 min)的 96Mo－4Ni(质量
分数,%)试样经 Murakami 溶液腐蚀约 5 min 后大弧立孔周围
Mo 晶粒长大的形貌;(b)经1 460 ℃/2 h 烧结的 96Mo－4Ni 试样
中弧立气孔被液相填充后形成的液囊形貌)

方式粗化(见 3.3 节),并且液面曲率半径随着晶粒长大而线性增加(图 16.7
(b))。随着晶粒长大,当该半径变得等于孔半径时(在二面角为 0°的情况
下),孔表面被完全润湿,如图 16.7(b)所示(气孔表面的完全润湿和气孔填充
的临界时刻)。然后,随着晶粒尺寸的进一步增大,压坯表面和气孔表面的液
相压力会出现不平衡,这是因为气孔表面的液面曲率半径受孔径的限制,而
压坯表面的液面曲率半径不受孔径限制(图 16.7(c))。这种不平衡导致液相
流入气孔中(气孔填充)。由于气孔填充的临界半径与气孔半径成正比,因此

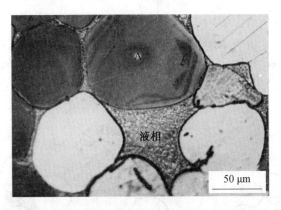

图 16.5　与液囊相邻的生长晶粒(A)的典型生长模式的显微组织。96Mo—4Ni(质量分数,%)样品在 1 460 ℃烧结三个循环(60+30+30 min)并在 Murakami 溶液中腐蚀

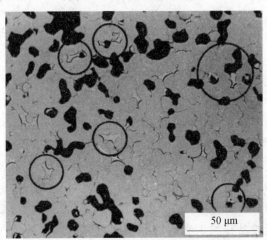

图 16.6　在 1 460 ℃液相烧结 10 min 过程中,通过液相填充使W(5 μm)—1Ni(4. 6 μm)—1Fe(5 μm)(质量分数,%)样品致密化(圆圈表示液囊)

临界晶粒尺寸也随孔径线性增加。所以气孔填充依次发生:先小孔后大孔,这与实验观察一致。该结果意味着随着晶粒长大压坯发生致密化(晶粒长大诱导致密化)。

　　基于这项早期的工作,Kang 等提出了一种液相烧结模型(图 16.8)。图16.8(a)示意性地描绘了包含各种尺寸气孔的压坯的显微组织。在未完全润湿条件下,孔是稳定的并且其周围的晶粒长大。由于晶粒周围液相的体积分数不随晶粒长大变化,因此不存在晶粒形状变化的驱动力。这意味着在完全

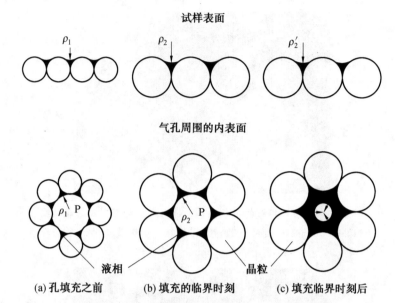

图 16.7　晶粒长大过程中气孔的液相填充示意图

（P 是孔，ρ 是该液相弯月面的曲率半径，$\rho_1 < \rho_2$，$\rho_2 < \rho_2'$）

致密的固液两相系统中，孔表现得像完整的第三相颗粒。因此，在晶粒长大过程中晶粒半径与液面曲率半径之比不变，与全致密系统相同。

但是，一旦晶粒长大至临界尺寸而使较小气孔的表面完全润湿，液相就会自发地填充气孔，如图 16.8(b) 所示。随着气孔的填充，用浸水法测得的压坯密度一定增加。然而，就显微组织而言，气孔填充的结果是样品表面和完整的气孔表面的液面后退，因此液体压力突然下降。压力降低也可以理解为远离形成的液囊的晶粒周围有效液相体积的减少。这种情况类似于通过气孔从致密压坯中抽吸液体，就像模型实验中那样，导致每个晶粒的液相含量大大降低。

由于液相压力的降低，即气孔填充导致毛细管压力随之增加，为了适应液相压力的突然变化，晶粒的形状在长大过程中趋于变得更加负二面角（见 3.3 节）。同时，在图 16.5 所示的显微组织中观察到的，形成的液囊周围的显微组织均匀化伴随着晶粒长大（图 16.8(c)），从而再次导致包含大的稳定孔的均匀显微组织（图 16.8(d)）。在这种显微组织均匀化过程中，预计会发生样品收缩（图 16.8(c)、(d)）。从这个意义上讲，液相烧结中的致密化与样品收缩没有直接关系，不像固相烧结致密化和收缩具有相同的含义。然而，在实际材料体系中，具有一定的孔径分布，预计这两种不同的现象不会依次发

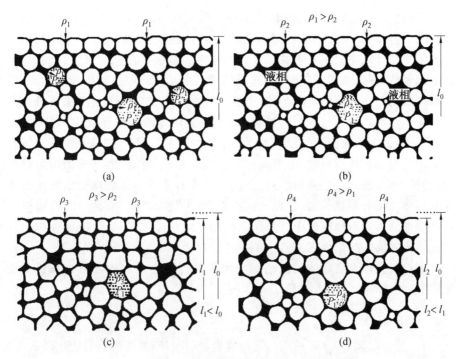

图 16.8　液相烧结过程中气孔填充和形状调节过程的图示

((a)液相刚好填充小孔 P_S(临界条件)之前；(b)恰好小孔被填充后；(c)在长时间烧结过程中，气孔处形成的液囊周围的组织通过晶粒长大和均匀化来调节晶粒形状；(d)液相填充大孔之前(P_1)。为简单起见，为了显示晶粒长大过程中的晶粒形状调节，将晶粒画成极度自形。ρ_i 是液相弯月面的曲率半径；l_i 是样品长度)

生，而是根据孔径的大小连续在不同位置发生。

　　气孔填充模型和接触压扁模型之间的根本区别是致密化的物质传输机制不同。在前者中，致密化的物质传输机制是由于晶粒长大而产生的液相流动；而在后者中，该机制是在液相的毛细管压力下从接触区域到非接触区域的逐个原子传输。因此，两种模型中致密化对晶粒尺寸的依赖性彼此相反。对于给定的孔径分布，使用粗粉可增强气孔填充模型中的致密化，而延迟了接触压扁模型中的致密化。最近的实验结果支持气孔填充模型的结论，即使用较粗的粉末可提高致密度。

16.2.2　气孔填充理论：晶粒长大引起的致密化

　　基于液相烧结的气孔填充模型，Lee 和 Kang 提出了一种液相烧结的新理论，即气孔填充理论。本节描述气孔填充理论的基础。为了预测烧结动力学,必须计算气孔液相填充的临界条件。换句话说,液相烧结压坯中对于给定的孔径分布,在气孔填充和显微组织均匀化过程中,液面曲率半径的估计对于定量估计致密化至关重要。液面曲率半径取决于晶粒的尺寸、形状和堆积几何形状、有效液相体积分数、润湿角和二面角,以及液/气界面能与固/液界面能之比。在计算中,假设为紧密堆积的单一尺寸的晶粒(立方紧密堆积)。

为了计算致密化过程中的液面曲率半径,估计液相的有效体积分数 f_1^{eff} 至关重要,因为液面曲率半径很大程度上依赖于 f_1^{eff}。压坯中液相的有效体积分数由初始液相体积分数 f_1、充满液相的孔的体积(液囊)和液囊的均匀性决定,如图 16.8 所示。当液相填充孔时,压坯中有效液相体积减少至与气孔体积一样多。随着晶粒长大,这种充液孔(液囊)被均匀化,液囊中的液相被挤出并添加到有效液相体积中。当显微组织均匀化完成时,有效液相体积达到气孔填充之前的初始体积。

假设气孔填充之后的显微组织均匀化通过同心晶粒向液囊中心长大发生,则液囊 j 的均匀化体积 V_{homo}^i 可以表示为

$$V_{homo}^i = -\int_0^t 4\pi r_\tau^2 \left(\frac{\mathrm{d}r_\tau}{\mathrm{d}\tau}\right) \mathrm{d}\tau \tag{16.7}$$

式中,r_τ 是在时间 $t=\tau$ 时被均匀化的液囊 j 的半径,其随时间的变化表示为

$$\frac{\mathrm{d}r_\tau}{\mathrm{d}\tau} = -\frac{1}{2}\frac{\mathrm{d}G}{\mathrm{d}\tau} \tag{16.8}$$

然后,有效液相体积分数 f_1^{eff}、致密度 ρ 和压坯收缩率 $(1-l/l_0)$ 分别表示为

$$f_1^{eff} = \frac{V_1^i - \sum_{j=k+1}^{n}(V_p^j - V_{homo}^i)}{V_s^i + V_1^i - \sum_{j=k+1}^{n}(V_p^j - V_{homo}^i)} \tag{16.9}$$

$$\rho = 1 - \frac{\sum_{j=n+1} V_p^j}{V_s^i + V_1^i + \sum_{j=n+1} V_p^j} \tag{16.10}$$

和

$$1 - \frac{l}{l_0} = 1 - \left[1 - \frac{\sum_{j=k+1}^{n} V_{homo}^j}{l_0^3} - \frac{\sum_{j=1}^{k} V_p^j}{l_0^3}\right]^{1/3} \tag{16.11}$$

式中,V_1^i 是液相的初始体积(压坯中液相的总体积);V_s^i 是固相的初始体积;V_p^j 是 $j \leqslant n$ 时充满液相的孔的体积或 $j \geqslant n+1$ 时未填充孔 j 的体积;l_0 是压坯的初始尺寸;l 是压坯在时间 t 的尺寸;k 是完全均匀化的液相填充孔(液囊)的

最大尺寸。

　　由于在气孔填充理论中致密化和显微组织均匀化由晶粒长大决定,因此确定晶粒长大的动力学也很重要。在计算中,Lee 和 Kang 假设扩散控制的晶粒长大遵循立方定律,$G^3 - G_o^3 = Kt$。在此,比例常数 K 是液相体积分数的函数。则 K 对 f_1 的依赖性用如下方程表示:

$$K = K_o \left(\frac{0.05}{f_1^{eff}} \right)^{0.8}$$ (16.12)

这是从 Co－Cu 系统以前的实验数据获得的。在此,K_o 是独立于 f_1 的常数。

　　使用式(16.7)和式(16.12),Lee 和 Kang 评估了各种工艺参数的影响,如孔径分布、气孔体积分数和液相体积分数、二面角和润湿角、颗粒尺寸(尺度),滞留气体等。图 16.9 显示了计算的含有不同液相体积分数和气孔体积分数(f_1 为 2％ ~ 8％,V_p^i 为 5％ ~ 15％) 的压坯致密度达到 99.5％所需的烧结时间,压坯中具有对数正态分布的初始气孔比初始晶粒尺寸大 1 ~ 30 倍。假设晶粒长大动力学遵循立方定律并且 K_o/G_o^3 取 0.5 s^{-1}。以含有体积分数 5％ 液相和 10％ 气孔的压坯作为标准样品,烧结时间大约与 $(f_1^i)^{-2.9}$ 和 $(V_p^i)^{2.2}$ 成正比。如果晶粒长大对 f_1 的依赖性可忽略不计,则气孔填充的烧结时间与 f_1^{-3} 成正比,因为晶粒尺寸随 $t^{1/3}$ 而增加(扩散控制的长大)。否则,液相体积分数的指数一定大于 -3(例如,-2.8),如计算所示。另外,随着气孔率的增加,烧结时间也增加。但是,这种影响没有液相体积分数的影响明显。该结果来自以下事实:液相体积分数直接影响整个压坯的 f_1^{eff},而只有一部分气孔会影响 f^{eff},即非均匀液相填充的孔。

　　Lee 和 Kang 还计算了各种实验条件下的致密化曲线。图 16.10 显示了尺寸对致密化的影响。由于气孔填充理论中的致密化是由于晶粒长大而发生的,因此致密化所需的时间与晶粒长大所需的时间成正比。因此,致密化的比例定律中的指数等于晶粒长大的比例定律中的指数,并且在扩散控制的晶粒长大中为 3。在图 16.10 中应该注意到,即使完全致密化之后,也会发生样品收缩。该结果与以下事实相关:在气孔瞬间被液相填充之后,随着显微组织的均匀化,收缩连续发生(图 16.8)。因此图 16.10 中的收缩曲线代表了显微组织均匀化所需的时间。收缩对尺度的依赖性与致密化对尺度的依赖性相同。

　　烧结动力学的计算是基于对液面曲率半径的估计,对于给定的液相体积分数,该半径与晶粒尺寸成正比。在具有小平面晶粒的系统中,液面曲率半径与晶粒尺寸之间的线性关系也应得到满足。但是,对于小平面晶粒,定量评估液面曲率半径和描述烧结动力学是困难的。烧结的整体行为和各种烧

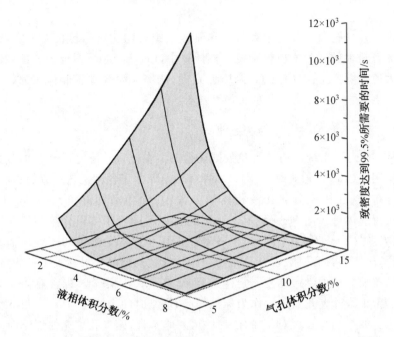

图 16.9　计算的含有不同液相体积分数和气孔体积分数的压坯致密度达到99.5％ 所需的烧结时间,压坯中具有对数正态分布的初始气孔比初始晶粒尺寸大 1～30 倍

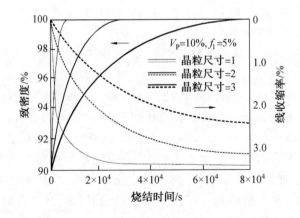

图 16.10　计算的不同尺度压坯的致密化和收缩曲线

结参数的影响与球形晶粒的压坯的烧结相似。对小平面晶粒的压坯致密化观察困难的原因可以理解为小平面晶粒长大速率低的结果。

16.2.3 显微组织演变

在气孔填充模型和理论中,气孔填充(即致密化)是晶粒长大的结果。因此,晶粒长大速率直接影响致密化,如图 16.11(a) 所示,其中假定除晶粒长大常数 K_0 之外的所有其他参数都为常数。随着 K_0 增加,致密化时间成比例减少。事实上,图 16.11(a) 中的所有致密化曲线在图 16.11(b) 中的致密度与平均晶粒尺寸关系图中均合并为一条曲线,而与 K_0 无关。

图 16.11(b) 中的显微组织演变图可以用曲线的斜率 $d\rho/dG$ 来表征。计算表明

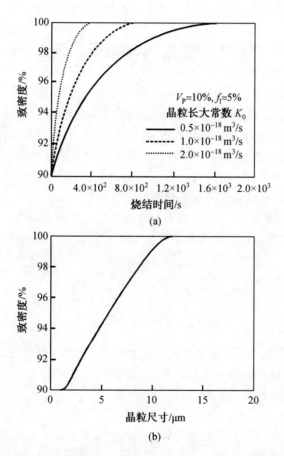

(a)

(b)

图 16.11 (a)致密度对烧结时间的计算曲线;(b)不同晶粒长大常数 K_0 下的致密度对平均晶粒尺寸的计算曲线

$$\frac{\mathrm{d}\rho}{\mathrm{d}G} \propto \rho^2 \frac{\mathrm{d}V_\mathrm{p}^{\mathrm{fill}}}{\mathrm{d}r_\mathrm{p}^{\mathrm{fill}}} \frac{\mathrm{d}r_\mathrm{p}^{\mathrm{fill}}}{\mathrm{d}G} \tag{16.13}$$

式中,$V_\mathrm{p}^{\mathrm{fill}}$ 是液相填充的孔的总体积;$r_\mathrm{p}^{\mathrm{fill}}$ 是液相填充的孔的最大尺寸。

式(16.13)右侧的第一项 $\mathrm{d}V_\mathrm{p}^{\mathrm{fill}}/\mathrm{d}r_\mathrm{p}^{\mathrm{fill}}$ 由孔径分布决定。另外,第二项 $\mathrm{d}r_\mathrm{p}^{\mathrm{fill}}/\mathrm{d}G$ 取决于气孔填充和显微组织均匀化;通常,它在烧结开始时降低,达到最小值然后增加,这种行为与 $\mathrm{d}V_\mathrm{p}^{\mathrm{fill}}/\mathrm{d}r_\mathrm{p}^{\mathrm{fill}}$ 完全相反。如图16.11(b)所示,ρ 对 G 曲线(显微组织演变)的斜率几乎是恒定的。

Lee和Kang进一步研究了烧结温度、初始气孔率、平均孔径、液相体积分数、二面角和润湿角以及烧结气氛等其他工艺和烧结参数对致密度—晶粒尺寸关系的影响。从密度—晶粒尺寸轨迹即显微组织演变的角度对液相烧结的这种理解,与固相烧结中显微组织演变的含义相似(见第11.4节)。

16.3　　滞留气体和气孔填充

当孤立气孔中的气体压力与压坯外部的气体压力不同时,气孔填充或者因内部压力过大而延迟,或者因外部压力过大而加速。前者是由于滞留的不溶性气体,在这种情况下,气孔填充不完全,并且气泡留在液相填充的气孔中。(实际上,在液相烧结压坯中经常观察到气泡。)即使在有滞留气体的压坯中,气孔填充也很重要,因为在液相凝固过程中,必须通过液相填充来大幅降低在气孔表面形成尖锐内部缺口的可能性。

图16.12是压坯表面和含有不溶性气孔的内表面示意图。由于在液相中保持静水压力,所以表面的体液相压力与气孔表面的体液相压力相同。因此

$$P_\mathrm{l} = P_\mathrm{s} - \frac{2\gamma_\mathrm{l}}{\rho_\mathrm{s}}$$

$$\parallel$$

$$P_\mathrm{l} = \Delta P_\mathrm{p} + P_\mathrm{s} - \frac{2\gamma_\mathrm{l}}{\rho_\mathrm{p}} \tag{16.14}$$

式中,P_l 是液相压力;P_s 是烧结气氛压力;ΔP_p 是气孔和大气之间的气压差;ρ_s 和 ρ_p 分别是气孔表面和压坯表面的液面曲率半径。

由于 ρ_s 与晶粒半径 a 成线性比例,所以

$$\rho_\mathrm{s}(t) \propto a(t) \tag{16.15}$$

即使 $\Delta P_\mathrm{p} \neq 0$,在气孔表面润湿的临界条件下 ρ_p 也等于 r_p。令 $a(\Delta P_\mathrm{p})$ 和 $a(0)$ 分别为 $\Delta P_\mathrm{p} \neq 0$ 和 $\Delta P_\mathrm{p} = 0$ 下的临界晶粒尺寸,则有

$$\frac{a(\Delta P_\mathrm{p})}{a(0)} = \frac{\rho_\mathrm{s}(\Delta P_\mathrm{p})}{\rho_\mathrm{s}(0)} = \frac{\rho_\mathrm{s}(\Delta P_\mathrm{p})}{r_\mathrm{p}} \tag{16.16}$$

以及

$$\frac{a(\Delta P_{\mathrm{p}})}{a(0)} = \frac{1}{1 - \frac{1}{2} r_{\mathrm{p}} \Delta P_{\mathrm{p}} / \gamma_{\mathrm{l}}} \tag{16.17}$$

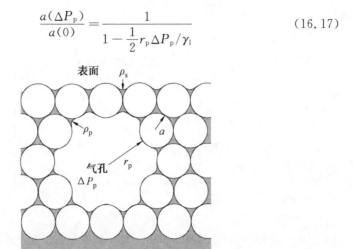

图 16.12　在液相烧结过程中,样品表面的液面曲率和含有
压力 ΔP_{p} 的惰性气体的孔周围的液体曲面的示意图

　　图 16.13 显示了计算的和测量的临界晶粒半径比随过大内部气体压力(式(16.17))的变化。纵坐标中的正值和负值分别表示气孔中相对于大气压的正压力和负压力。当因高内部压力或大孔径而导致式(16.17)中 $\Delta P_{\mathrm{p}} > 2\gamma_{\mathrm{l}}/r_{\mathrm{p}}$ 时,无压烧结不会发生气孔填充,并且需要过大的外部压力来填充气孔。另外,$\Delta P_{\mathrm{p}} < 0$ 时,表示通过施加外部压力或孔分离后通过改变烧结气氛来提供过大的外部压力。通过将烧结体浸入液池中,可以满足图16.13中 $\rho_{\mathrm{s}} = \infty$ 的条件。图 16.13 中所示的实验数据与预测曲线吻合得很好,这表明使用气孔填充理论,气体对致密化影响的理论预测是可能的。然而,实际上,在烧结过程中通常从原料粉末中产生未知的不溶性气体,并且延迟致密化的程度比预期大。图 16.13 中实验数据与 $\Delta P_{\mathrm{p}} < 0$ 预测值之间的巨大差异必归因于这种不溶性气体。滞留气体的过压可以通过测量残留在液囊中的气泡大小或将烧结压坯浸入液体池后形成液囊的最大尺寸来计算。

　　图 16.14 显示了使用气孔填充理论计算的内部过剩气体压力和外部过剩气体压力对显微组织演变的影响。当施加几个大气压的过大外部压力时,在快速扩散的气体气氛中烧结的压坯,其完全致密化的晶粒尺寸大大减小,这表明在液相烧结中外部压力的小幅增加对致密化有明显影响。另外,当在 1 大气压的不溶性惰性气体气氛中进行液相烧结时,烧结密度受到限制,如图 16.14 所示。(如果发生气孔聚集,则烧结密度降低,如后文所述。)但是,含

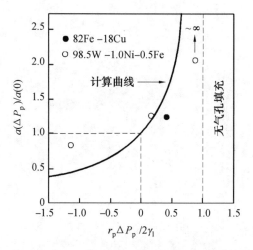

图 16.13　计算的(式(16.17))和测量的临界晶粒半径比
$a(\Delta P_{\mathrm{p}})/a(0)$ 随过大内部气体压力 ΔP_{p} 的变化

有惰性气体的压坯的初始致密化预计比未滞留惰性气体的压坯的初始致密化更快。该结果是由于在惰性气体烧结的情况下,气孔填充产生的有效液相体积减小幅度较小,从而导致较大气孔的早期液相填充。

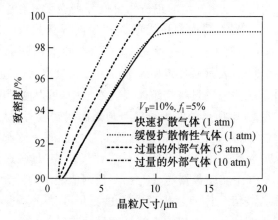

图 16.14　在快速扩散气体和缓慢扩散气体(1 atm)的气氛中以及在气压烧结(3 atm 和 10 atm)中,压坯的致密度随晶粒尺寸的变化曲线(计算过程中假设没有气孔聚结)

含有惰性气体的孤立气孔会随着晶粒长大而相互聚集,且平均尺寸增加。Oh 等在 N_2 中烧结的 $MgO-CaMgSiO_4$ 压坯内部,观察到气孔数与晶粒数之比是恒定的,但气孔率随烧结时间的增加而增加。如 Oh 等所解释的,恒定的数量比是由于晶粒长大引起的气孔聚集;而气孔率增加是由于随着孔径的增加气孔的毛细管压力降低。因此,尽管晶粒长大引起气孔填充和致密化,但是在惰性气体气氛中,晶粒长大引起的气孔聚结可以降低烧结密度。为了防止在惰性气体中烧结后期的密度降低(去致密化或反致密化),必须抑制晶粒长大,就像固相烧结。

16.4　粉末压坯与致密化

与固相烧结不同,由于固体晶粒之间存在液相,因此在液相烧结中不涉及背应力问题。特定系统液相烧结过程中的致密化很大程度上取决于孔径及其分布。由于气孔填充是晶粒长大导致,因此烧结致密化时间取决于晶粒长大动力学。对于扩散控制的长大,烧结时间与孔径的立方成正比。因此,为了确保完全致密化后精细的显微组织,尽量避免大孔的产生。大孔的产生主要是加热以及形成液相颗粒熔化过程中局部致密化所致。因为局部致密化通常是由粉末的不均匀混合和堆积造成的,所以粉末混合和堆积均匀性对于提高液相烧结致密化动力学至关重要(如在固相烧结中)。当形成液相颗粒熔化时,在它们的位置形成本征孔,并且通过毛细作用将熔体从固体颗粒之间吸出(见16.2.1节)。因此,为了确保快速致密化,还必须使用容易形成液相的小颗粒粉末。

习　　题

6.1　对于液相体积分数恒定的双颗粒模型,请解释颗粒之间的压应力随颗粒尺寸的变化。

6.2　(a)假设润湿角为 $0°$,颗粒半径为 a,液面的两个主曲率半径分别为 ρ_1 和 ρ_2,液相的接触角为 Ψ(图 14.2),那么相同尺寸的两个颗粒之间的压应力是多少?

(b)对于单一尺寸颗粒的模型系统,压坯的致密化速率 $d\rho/dt$ 随颗粒尺寸如何变化?假设没有晶粒长大。

6.3　(1)计算如题 6.3 图所示的锥形颗粒与平板之间的力。对于这个系统,$r_1 = a\{1 - [1 - \cos\alpha/\tan\alpha(1+\sin\alpha)]\}$,$r_2 = a/\tan\alpha(1+\sin\alpha)$。假设润湿角为 $0°$。

(2)在(1)中计算的力对液相体积 V_1 的依赖性是什么?

(3)对于 $\alpha=30°$ 和 $\theta=60°$,两个颗粒之间的力是多少?

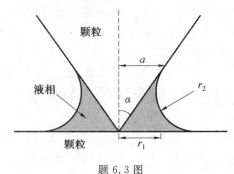

题 6.3 图

6.4 描述 LSW 理论的基本假设,并讨论其结果和含义。

6.5 考虑液相中两个半径分别为 r_1 和 r_2 的独立颗粒。分别示意性地画出扩散控制长大和反应控制长大情况下颗粒之间液相中的溶质分布。对于反应控制长大,LSW 理论中的溶质分布与溶解控制长大和沉淀控制长大中的溶质分布有何不同? 请解释。

6.6 考虑一种含有惰性第二相球的液相烧结材料。绘制并解释晶粒与球体之间的二面角分别为 0°、90° 和 160° 的球体周围的晶粒长大形状。

6.7 考虑液相体积分数相同但晶粒尺寸不同的两种液相烧结压坯。描述在液相烧结温度下,接触的压坯在退火过程中可能发生的显微组织演变。假设压坯是完全致密的。

6.8 讨论液相烧结中溶解/再沉淀机理与固相烧结中蒸发/凝聚机理的异同。

6.9 考虑具有少量液相的液相烧结体,该烧结体沿晶粒边缘(二面角小于 60°)形成相互连接的通道。请说明一种测量晶粒长大激活能的可能方法,并讨论晶界对晶粒长大的影响。

6.10 作为液相中晶粒长大的机制,除了溶解/再沉淀机制之外,还曾经提出了晶粒聚结机制。这种机制似乎表明如果两个晶粒以相似的晶体取向接触,它们可以立即融合成一个晶粒。该机理形成的动力学方程被认为与 LSW 理论的动力学方程相似,即扩散控制的奥斯瓦尔德熟化的立方定律。请设计一个可以判断聚结机制在实际烧结中是否有效的实验。

6.11 考虑一个二维晶体,其 {10} 和 {11} 表面能分别为 0.5 J/m² 和 0.45 J/m²。假设其他面的表面能远高于这些值,请绘出该晶体的精确平衡形状。

6.12　据报道熔体中氧化物的平衡形状为立方体。当长方体状氧化物单晶长时间浸入熔体中时,会发生什么?请从溶解度的角度详细解释该过程。

6.13　当在液相烧结温度下烧结 WC－Co 粉末压坯时,经常会发生异常晶粒长大。请解释这种合金中异常晶粒长大的可能原因。是否有可能的措施(至少两个)来抑制异常晶粒长大?

6.14　考虑不同方法制备的两种粉末,其化学成分相同,形状相同,平均粒径和分布相同。一种在制备过程中被严重地球磨过,而另一种没有。假设液相中颗粒的形状是完全小平面化的,那么液相中两种粉末的晶粒长大方式会有什么不同?为什么?

6.15　晶粒中的固/液界面能及其各向异性会随掺杂剂和氧分压而变化。已知具有相同初始组成和相同初始晶粒尺寸及分布的两个液相烧结压坯在不同的气氛下分别显示出正常晶粒长大和异常晶粒长大,请解释两个压坯之间晶粒长大模式不同的可能原因。

6.16　考虑两种不同的带有小平面晶粒的液相烧结压坯。从相同的初始平均晶粒尺寸和初始晶粒尺寸分布开始,如果每个压坯中晶粒长大的临界驱动力 ΔG^c 不同,一个小一个大,则两个压坯之间的显微组织演变会有什么不同?假设压坯是完全致密的。

6.17　Co 液中 NbC 的晶粒形状随退火温度和掺杂剂(如 B)的加入而在完全小平面的立方体和球体之间发生变化。

(1)低温下不含 B 的 Co 中 NbC 晶粒的形状如何?

(2)解释 Co 中球形 NbC 晶粒和小平面 NbC 晶粒的长大机理。在含有两种极端类型晶粒的压坯中,晶粒长大的动力学方程是什么?

(3)棱边发生部分圆化的立方 NbC 晶粒的长大过程中,哪种机理在起作用?随着棱边圆化的面积比例的变化,长大动力学有变化吗?请说明。

6.18　为了采用掺有籽晶的细粉末制造大单晶,必须抑制粉末压坯中大晶粒的形成。讨论可以抑制大晶粒形成并促进晶种生长的可能措施。

6.19　请解释为什么致密化在液相烧结中通常比在固相烧结中更快。

6.20　考虑具有相同化学成分、相同晶粒尺寸和分布以及相同液相体积分数(例如体积分数 5%)的三种不同的液相烧结压坯。一种是完全致密的,一种是部分致密的,具有许多比晶粒尺寸小的孔,第三种仅包含几个比晶粒尺寸大十倍以上的孔。请从液相中晶粒的形状和与气孔接触晶粒的形状角度,描述并比较这些压坯的显微组织。

6.21　请解释液相烧结气孔填充模型中的致密化和收缩过程。该模型与 Kingery 的接触压扁模型之间的根本区别是什么?

6.22 在液相烧结中,发现气孔填充是致密化的基本过程。致密化对尺度的依赖性是什么?

6.23 (1)请描述一种可能的方法来估计液相烧结过程中致密化的激活能。

(2)为估算做出了哪些假设?

(3)在气孔填充理论中,致密化的激活能是什么?

6.24 液相烧结的气孔填充理论预测,粉末压坯的致密化由晶粒长大决定。假设通过扩散控制发生晶粒长大,并且所有其他参数不变:

(1)定量讨论晶粒长大速率对致密化时间的影响。

(2)对于三种不同的晶粒长大速率(比值为 1:2:3),请绘制烧结密度对平均晶粒尺寸的关系图。

6.25 根据气孔填充理论,压坯的收缩是通过发生连续的晶粒形状调节和晶粒形状的恢复实现的。请详细说明样品收缩的过程及其相关驱动力。

6.26 讨论液相烧结中润湿角和二面角对致密化和晶粒长大的影响。假设所有其他影响致密化和晶粒长大的参数都是不变的。

6.27 请解释在固相烧结压坯和液相烧结压坯中出现大孔的可能原因。

6.28 观察表明,与液相烧结压坯相比,固相烧结压坯中一般包裹在晶粒内部的气孔数量更多。为什么?

6.29 如题 6.29 图所示,把液相烧结的压坯粉碎成粗粉,再将其压实并重新烧结,随着液相体积分数的不同,压坯的烧结行为会发生怎样的变化?

题 6.29 图

6.30 在孔封闭后,外部气体压力对致密化的改善在液相烧结中比在固相烧结中更加明显。与固相烧结相比,液相烧结中即使施加几个大气压的压力,其效果也是非常有效的。请解释固相烧结和液相烧结之间,外部压力影响为什么不同? 该答案意味着什么?

6.31 讨论两种单质粉末的混合度对液相烧结致密化的影响。

参 考 文 献

[1] Park, J. K. , Kang, S. -J. L. ,Eun, K. Y. and Yoon, D. Y. , The micro-structural change during liquid phase sintering, Metall. Trans. A, 20A, 837-45, 1989.

[2] Huppmann, W. J. and Riegger, H. , Modelling of rearrangement processes in liquid phase sintering, Acta Metall. , 23, 965-71, 1975.

[3] Kang, S. -J. L. ,Kaysser, W. A. , Petzow, G. and Yoon, D. N. , Elimination of pores during liquid phase sintering of Mo-Ni, Powder Metall. , 27, 97-100, 1984.

[4] Lee, S. -M. ,Chaix, J. -M. , Martin, C. L. , Allibert, C. H. and Kang, S. -J. L. , Computer simulation of particle rearrangement in the presence of liquid, Metals and Materials, 5, 197-203, 1999.

[5] Lee, S. -M. and Kang, S. -J. L. , Evaluation of densification mechanisms of liquid phase sintering, Z. Metallkd. , 92, 669-74, 2001.

[6] Cannon, H. S. and Lenel, F. V. , Some observations on the mechanism of liquid phase sintering, in Pulvermetallurgie (Plansee Proceedings 1952), F. Benesovsky (ed.), Metallwerk Plansee GmbH, Reutte, 106-22, 1953.

[7] Kingery, W. D. , Densification during sintering in the presence of a liquid phase. I. Theory, J. Appl. Phys. , 30, 301-306, 1959.

[8] Lee, S. -M. and Kang, S. -J. L. , Theoretical analysis of liquid phase sintering: pore filling theory, Acta Mater. , 46, 3191-202, 1998.

[9] Svoboda, J. , Riedel, H. and Gaebel, R. , A model for liquid phase sintering, Acta Mater. , 44, 3215-26, 1996.

[10] Mortensen, A. , Kinetics of densification by solution-reprecipitation, Acta Mater. , 45, 749-58, 1997.

[11] Kwon, O. J. and Yoon, D. N. , The liquid phase sintering of W-Ni, in

Sintering Processes (Proc. 5th Inter. Conf. on Sintering and Related Phenomena), G. C. Kuczynski (ed.), Plenum Press, New York, 208-18, 1980.

[12] Park, H. -H. , Kwon, O. -J. and Yoon, D. N. The critical grain size for liquid flow into pores during liquid phase sintering, Metall. Trans. A, 17A, 1915-19, 1986.

[13] Kang, S. -J. L. , Kim, K. -H. and Yoon, D. N. , Densification and shrinkage during liquid phase sintering, J. Am. Ceram. Soc. , 74, 425-27, 1991.

[14] Kwon, O. -J. and Yoon, D. N. , Closure of isolated pores in liquid phase sintering of W-Ni, Inter. J. Powder Metall. Powder Tech. , 17, 127-33, 1981.

[15] Kang, S. -J. L. , Kaysser, W. A. , Petzow, G. and Yoon, D. N. , Growth of Mo grains around Al_2O_3 particles during liquid phase sintering, Acta Metall. , 33, 1919-26, 1985.

[16] Lee, D. D. , Kang, S. -J. L. and Yoon, D. N. , A direct observation of the grain shape accommodation during liquid phase sintering, Scripta Metall. , 24, 927-30, 1990.

[17] Lifshitz, I. M. and Slyozov, V. V. , The kinetics of precipitation from supersaturated solid solutions, J. Phys. Chem. Solids, 19, 35-50, 1961.

[18] Wagner, C. , Theory of precipitate change by redissolution, Z. Electro-chem. , 65, 581-91, 1961.

[19] Eremenko, V. N. , Naidich, Y. V. and Lavrinenko, I. A. , Modelling of capillary forces acting during sintering in the presence of a liquid phase, in Liquid Phase Sintering, Consultants Bureau, New York, 55-65, 1970.

[20] Heady, R. B. and Cahn, J. W. , An analysis of the capillary forces in liquid phase sintering of spherical particles, Metall. Trans. , 1, 185-89, 1970.

[21] Trivedi, R. K. , Theory of capillarity, in Lectures on the Theory of Phase Transformations, Chapter 2. , H. I. Aaronson (ed.), AIME, New York, 51-81, 1975.

[22] Greenwood, G. W. , Particle coarsening, in The Mechanism of Phase

Trans-formations in Crystalline Solids, Institute of Metals, London, 103-10, 1969.

[23] Burton, W. K., Cabrera, N. and Frank, F. C., The growth of crystals and the equilibrium structure of their surfaces, Phil. Trans. Roy. Soc. London, A, 243, 299-358, 1951.

[24] Hirth, J. P. and Pound, G. M., Condensation and Evaporation, Pergamon Press, Oxford, 77-148, 1963.

[25] Cahn, J. W., On the morphological stability of growing crystals, in Crystal Growth, H. S. Peiser (ed.), Pergamon Press, Oxford, 681-90, 1967.

[26] Peteves, S. D. and Abbaschian, R., Growth kinetics of solid-liquid Ga interfaces: Part I. Experimental, Metall. Trans. A, 22A, 1259-70, 1991.

[27] Kang, S.-J. L. and Han, S.-M., Grain growth in Si_3N_4 based materials, MRS Bull., 20, 33-37, 1995.

[28] Park, Y. J., Hwang, N. M. and Yoon, D. Y., Abnormal growth of faceted (WC) grains in a (Co) liquid matrix, Metall. Trans. A, 27A, 2809-19, 1996.

[29] Kang, M.-K., Yoo, Y.-S., Kim, D.-Y. and Hwang, N.-M., Growth of $BaTiO_3$ seed grains by the twin-plane reentrant edge mechanism, J. Am. Ceram. Soc., 83, 385-90, 2000.

[30] Chung, S.-Y. and Kang, S.-J. L., Effect of dislocations on grain growth in $SrTiO_3$, J. Am. Ceram. Soc., 83, 2828-32, 2000.

[31] Chung, S.-Y. and Kang, S.-J. L., Intergranular amorphous films and dislocation-promoted grain growth in $SrTiO_3$, Acta Mater., 51, 2345-54, 2003.

[32] Kang, M.-K., Kim, D.-Y. and Hwang, N. M., Ostwald ripening kinetics of angular grains dispersed in a liquid phase by two-dimensional nucleation and abnormal grain growth, J. Eu. Ceram. Soc., 22, 603-12, 2002.

[33] Rohrer, G. S., Rohrer, C. L. and Mullins, W. W., Coarsening of faceted crystals, J. Am. Ceram. Soc., 85, 675-82, 2002.

[34] Kim, S. S. and Yoon, D. N., Coarsening of Mo grains in the molten Ni-Fe matrix of a low volume fraction, Acta Metall., 33, 281-

86, 1985.

[35] Li, C.-Y. and Oriani, R. A., Some considerations on the stability of dispersed systems, in Oxide Dispersion Strengthening, G. S. Ansell, T. D. Cooper and F. V. Lenel (eds), Gordon & Breach, New York, 431-64, 1968.

[36] Fischmeister, H. and Grimvall, G., Ostwald ripening — a survey, in Materials Science Research: Sintering and Related Phenomena, G. C. Kuczynski (ed.), Plenum Press, New York, 119-49, 1973.

[37] Lee, D.-D., Kang, S.-J. L. and Yoon, D. N., Mechanism of grain growth and $\alpha - \beta$ transformation during liquid phase sintering of β-Sialon, J. Am. Ceram. Soc., 71, 803-806, 1988.

[38] Han, S.-M. and Kang, S.-J. L., Comment on kinetics of β-Si_3N_4 grain growth in Si_3N_4 ceramics sintered under high nitrogen pressure, J. Am. Ceram. Soc., 76, 3178-79, 1993.

[39] Warren, R. and Waldron, M. B., Microstructural development during the liquid phase sintering of cemented carbides, Powder Metall., 15, 166-201, 1972.

[40] Sarian, S. and Weart, H. W., Kinetics of coarsening of spherical particles in a liquid matrix, J. Appl. Phys., 37, 1675-81, 1966.

[41] Ardell, A. J., The effect of volume fraction on particle coarsening: theoretical considerations, Acta Metall., 20, 61-71, 1972.

[42] Kang, T.-K. and Yoon, D. N., Coarsening of tungsten grains in liquid nickel-tungsten matrix, Metall. Trans. A, 9A, 433-38, 1978.

[43] Brailsford, A. D. and Wynblatt, P., The dependence of Ostwald ripening kinetics on particle volume fraction, Acta Metall., 27, 489-97, 1979.

[44] Davies, C. K. L., Nash, P. and Stevens, R. N., The effect of volume fraction of precipitate on Ostwald ripening, Acta Metall., 28, 179-89, 1980.

[45] Kang, C. H. and Yoon, D. N., Coarsening of cobalt grains dispersed in liquid copper matrix, Metall. Trans. A, 12A, 61-69, 1981.

[46] Kang, S. S. and Yoon, D. N., Kinetics of grain coarsening during sintering of Co-Cu and Fe-Cu alloys with low liquid contents, Metall. Trans. A, 13A, 1405-11, 1982.

[47] Hardy, S. C. and Voorhees, P. W., Ostwald ripening in a system with

a high volume fraction of coarsening phase, Metall. Trans. A, 19A, 2713-21, 1988.

[48] DeHoff, R. T. , A geometrically general theory of diffusion controlled coarsening, Acta Metall. Mater. , 39, 2349-60, 1991.

[49] Fang, Z. and Patterson, B. R. , Experimental investigation of particle size distri-bution influence on diffusion controlled coarsening, Acta Metall. Mater. , 41, 2017-24, 1993.

[50] Yu, J. H. , Kim, T. H. and Lee, J. S. , Particle growth during liquid phase sintering of nanocomposite W-Cu powder, Nanostr. Mater. , 9, 229-32, 1997.

[51] German, R. M. and Olevsky, E. A. , Modeling grain growth dependence on the liquid content in liquid phase sintered materials, Metall. Mater. Trans. A, 29A, 3057-66, 1998.

[52] Fullman, R. L. , Measurement of particle sizes in opaque bodies, Trans AIME, 197, 447-52, 1953.

[53] Underwood, E. E. , Quantitative Stereology, Addison-Wesley, Reading, Mass. , 1970.

[54] Kang, S. S. , Ahn, S. T. and Yoon, D. N. , Determination of spherical grain size from the average area of interaction in Ostwald ripening, Metallography, 14, 267-70, 1981.

[55] VanderVoort, G. F. , Metallography, Principles and Practice, ASM International, Materials Park, OH, 1999.

[56] Gibbs, J. W. , The Scientific Papers of J. Willard Gibbs, PhD, LLD, Vol. 1 Thermo-dynamics, Dover Publ. , New York, 314-31, 1961.

[57] Herring, C. , Some theorems on the free energies of crystal surfaces, Phys. Review, 82, 87-93, 1951. (G. Wulff, Zur Frage der Geschwindigkeit des Wachstums und der Auflösung der Krystallflächen, Z. Kristallogr. , 34, 449-530, 1901.)

[58] Semenchenko, V. K. , Surface Phenomena in Metals and Alloys, Chapter 9. Surface phenomena in solids, Addison-Wesley, Reading, Mass. , 272-302, 1962.

[59] Murr, L. E. , Interfacial Phenomena in Metals and Alloys, Chapter 1. Thermo-dynamics of solid interfaces, Addison-Wesley, Reading, Mass. , 1-30, 1975.

[60] Mullins, W. W. , Solid state morphologies governed by capillarity, in Metal Surfaces: Structure, Energetics and Kinetics, ASM, Metals Park, Ohio, 17-66, 1963.

[61] Miller, W. A. and Chadwick, G. A. , The equilibrium shapes of small liquid droplets in solid-liquid phase mixtures: metallic h. c. p. and metalloid systems, Proc. Roy. Soc. A, 312, 257-76, 1969.

[62] Park, S.-Y. , Choi, K. , Kang, S.-J. L. and Yoon, D. N. , Shape of MgAl$_2$O$_4$ grains in a CaMgSiAlO glass matrix, J. Am. Ceram. Soc. , 75, 216-19, 1992.

[63] Choi, J. H. , Kim, D.-Y. , Hockey, B. J. ,Wiederhorn, S. M. , Handwerker, C. A. , Blendell, J. E. , Carter, W. C. and Roosen, A. R. , Equilibrium shape of internal cavities in sapphire, J. Am. Ceram. Soc. , 80, 62-68, 1997.

[64] Kitayama, M. and Glaeser, A. M. , The Wulff shape of alumina: III, Undoped alumina, J. Am. Ceram. Soc. , 85, 611-22, 2002.

[65] Choi, J.-H. , Kim, D.-Y. , Hockey, B. J. ,Wiederhorn, S. M. , Blendell, J. E. and Handwerker, C. A. , Equilibrium shape of internal cavities in ruby and the effect of surface energy anisotropy on the equilibrium shape, J. Am. Ceram. Soc. , 85, 1841-44, 2002.

[66] Adams, B. L. , Wright, S. I. and Kunze, K. , Orientation imaging: the emergence of a new microscopy, Metall. Trans. A, 24, 819-31, 1993.

[67] Saylor, D. M. and Rohrer, G. R. , Determining crystal habits from observations of planar sections, J. Am. Ceram. Soc. , 85, 2799-804, 2002.

[68] Howe, J. M. ,Interfaces in Materials: Atomic Structure, Thermodynamics and Kinetics of Solid-Vapour, Solid-Liquid and Solid-Solid Interfaces, John Wiley & Sons, New York, 75-86, 1997.

[69] Chung, S.-Y. , Yoon, D. Y. and Kang, S.-J. L. , Effects of donor concentration and oxygen partial pressure on interface morphology and grain growth behaviour in SrTiO$_3$, Acta Mater. , 50, 3361-71, 2002.

[70] Warren, R. , Microstructure development during the liquid phase sintering of two-phase alloys, with special reference to the NbC/Co system, J. Mater. Sci. , 3, 471-85, 1968.

[71] Moon, H. , Kim, B.-K. and Kang, S.-J. L. , Growth mechanism of

round-edged NbC grains in Co liquid, Acta Mater. , 49, 1293-99, 2001.

[72] Han, J.-H. , Chung, Y.-K. , Kim, D.-Y. , Cho S.-H. and Yoon, D. N. , Temperature dependence of the shape of ZnO grains in a liquid matrix, Acta Metall. , 37, 2705-708, 1989.

[73] Frank, F. C. , On the kinematic theory of crystal growth and dissolution processes, in Growth and Perfection of Crystals, R. H. Doremus, B. W. Roberts and D. Turnbull (eds), Wiley, New York, 411-19, 1958.

[74] Frank, F. C. , On the kinematic theory of crystal growth and dissolution processes, II, Z. Phys. Chem. Neue Folge, 77, 84-92, 1972.

[75] Schreiner, M. , Schmitt, Th. , Lassner, E. and Lux, B. , On the origins of discontinuous grain growth during liquid phase sintering of WC-Co cemented carbides, Powder Metall. Inter. , 16, 180-83, 1984.

[76] Hong, B. S. , Kang, S.-J. L. and Brook, R. J. , The effect of powder purity and sintering temperature on the microstructure of sintered Al_2O_3, unpublished work, 1988.

[77] Bae, S. I. and Baik, S. , Determination of critical concentrations of silica and/or calcia for abnormal grain growth in alumina, J. Am. Ceram. Soc. , 76, 1065-67, 1993.

[78] Kwon, S.-K. , Hong, S.-H. , Kim, D.-Y. and Hwang, N. M. , Coarsening behavior of tricalcium silicate (C_3S) and dicalcium silicate (C_2S) grains dispersed in a clinker melt, J. Am. Ceram. Soc. , 83, 1247-52, 2000.

[79] Jang, C.-W. , Kim, J. S. and Kang, S.-J. L. , Effect of sintering atmosphere on grain shape and grain growth in liquid phase sintered silicon carbide, J. Am. Ceram. Soc. , 85, 1281-84, 2002.

[80] Jung, Y.-I. , Choi, S.-Y. and Kang, S.-J. L. , Grain growth behaviour during stepwise sintering of barium titanate in hydrogen gas and air, J. Am. Ceram. Soc. , 86, 2228-30, 2003.

[81] Peteves, S. D. and Abbaschian, R. , Growth kinetics of solid-liquid Ga interfaces: Part II. Theoretical, Metall. Trans. A, 22A, 1271-86, 1991.

[82] Yoon, D. N. and Huppmann, W. J. , Grain growth and densification during liquid phase sintering of W-Ni, Acta Metall. , 27, 693-

98, 1979.

[83] Cahn, J. W. , Hillig, W. B. and Sears, G. W. , The molecular mechanism of solidification, Acta Metall. , 12, 1421-39, 1964.

[84] Park, C. W. and Yoon, D. Y. , Abnormal grain growth in alumina with anorthite liquid and the effect of MgO addition, J. Am. Ceram. Soc. , 85, 1585-93, 2002.

[85] Unpublished work by a group of students in an undergraduate laboratory course at the Korea Advanced Institute of Science and Technology, 2003.

[86] Kim, S. M. , Ko, J. Y. and Yoon, D. Y. , Coarsening of cubic TiC grains with round edges in a liquid Ni-rich matrix, presented at the Annual Fall Meeting of the Korean Ceramic Society, Paejae University, Daejeon, Korea, Oct. 17-18, 2003.

[87] van Beijeren, H. , Exactly solvable model for the roughening transition of a crystal surface, Phys. Rev. Lett. , 38, 993-96, 1977.

[88] Wolf, P. E. , Gallet, F. , Balibar, S. , Rolley, E. and Nozières, P. , Crystal growth and crystal curvature near roughening transitions in hcp ^{4}He, J. Physique, 46, 1987-2007, 1985.

[89] van Beijeren, H. and Nolden, I. , The roughening transition, in Structure and Dynamics of Surfaces II, Phenomena, Models, and Methods, W. Schommers and P. von Blankenhagen (eds), Springer-Verlag, Berlin, 259-300, 1987.

[90] Mitomo, M. and Uenosono, S. , Microstructural development during gas-pressure sintering of α-silicon nitride, J. Am. Ceram. Soc. , 75, 103-108, 1992.

[91] Hirosaki, N. , Akimune, Y. and Mitomo, M. , Effect of grain growth of β-silicon nitride on strength, Weibull modulus, and fracture toughness, J. Am. Ceram. Soc. , 76, 1892-94, 1993.

[92] Wynblatt, P. and Gjostein, N. A. , Particle growth in model supported metal catalysis—I. Theory, Acta Metall. , 24, 1165-74, 1976.

[93] Cho, Y. K. , Interface roughening transition and grain growth in BaTiO$_3$ and NbC-Co, PhD thesis, KAIST, Daejeon, Korea, 2003.

[94] Seabauch, M. W. , Kerscht, I. H. and Messing, G. L. , Texture development by templated grain growth in liquid phase sintered α-

alumina, J. Am. Ceram. Soc. , 80, 1181-88, 1997.

[95] Hong, S. -H. , Trolier-McKinstry, S. and Messing, G. L. , Dielectric and electro-mechanical properties of textured niobium-doped bismuth titanate ceramics, J. Am. Ceram. Soc. , 83, 113-18, 2000.

[96] Fukuchi, E. , Kimura, T. , Tani, T. , Takeuchi, T. and Saito, Y. , Effect of potassium concentration on the grain orientation in bismuth sodium potassium titanate, J. Am. Ceram. Soc. , 85, 1461-66, 2002.

[97] Khan, A. , Meschke, F. A. , Li, T. , Scotch, A. M. , Chan, H. M. and Harmer, M. P. , Growth of Pb ($Mg_{1/3}$ $Nb_{2/3}$) O_3-35 mol% $PbTiO_3$ single crystals from {111} substrates by seeded polycrystal conversion, J. Am. Ceram. Soc. , 82, 2958-62, 1999.

[98] Lee, H. -Y. , Kim, J. -S. and Kim, D. -Y. , Fabrication of $BaTiO_3$ single crystals using secondary abnormal grain growth, J. Eu. Ceram. Soc. , 20, 1595-97, 2000.

[99] Fisher, J. G. , Kim, M. -S. , Lee, H. Y. and Kang, S. -J. L. , Effect of Li_2O and PbO additions on abnormal grain growth in the Pb ($Mg_{1/3}$ $Nb_{2/3}$) O_3-35 mol% $PbTiO_3$ system, J. Am. Ceram. Soc. , 87, 937-42, 2004.

[100] Lee, H. Y. , Solid-state single crystal growth (SSCG) method: a cost-effective way of growing piezoelectric single crystals, in Piezoelectric Single Crystals and Their Application, S. Trolier-Mckinstry, L. E. Cross and Y. Yamashita (eds), 160-77, 2004.

[101] Lee, S. -M. , Chaix, J. M. and Martin, C. L. , Computer simulation of particle rearrangement in liquid phase sintering: effect of starting microstructure, in Sintering Science and Technology, R. M. German, G. L. Messing and R. G. Cornwall (eds), Penn State University, University Park, 399-404, 2000.

[102] Riniger, E. and Raj, R. , Packing and sintering of two-dimensional structures made from bimodal particle size distributions, J. Am. Ceram. Soc. , 70, 843-49, 1987.

[103] Tu, K. -N. , Mayer, J. W. and Feldman, L. C. , Electronic Thin Film Science for Electrical Engineers and Materials Scientists, Macmillan Publ. Co. , New York, 246-80, 1992.

[104] Coble, R. L. , Sintering of crystalline solids. I. Intermediate and final

state diffusion models, J. Appl. Phys. , 32, 789-92, 1961.

[105] Kaysser, W. A. and Petzow, G. , Ostwald ripening and shrinkage during liquid phase sintering, Z. Metallkd. , 76, 687-92, 1985.

[106] Kaysser, W. A. , Zivkovic, M. and Petzow, G. , Shape accommodation during grain growth in the presence of a liquid phase, J. Mater. Sci. , 20, 578-84, 1985.

[107] Kingery, W. D. and Berg, M. , Study of the initial stages of sintering solids by viscous flow, evaporation-condensation and self-diffusion, J. Appl. Phys. , 26, 1205-12, 1955.

[108] Gessinger, G. H. , Fischmeister, H. F. and Lukas, H. L. , A model for second-stage liquid phase sintering with a partially wetting liquid, Acta Metall. , 21, 715-24, 1973.

[109] Kim, K. -H. and Kang, S. -J. L. , Densification of spherical powder compacts containing limited volume of liquid, Proc. 1993 Powder Metall. World Congress, Y. Bando and K. Kosuge (eds), Jap. Soc. Powder and Powder Metall. , Kyoto, 357-60, 1993.

[110] Kang, S. -J. L. and Azou, P. , Trapping of pores and liquid pockets during liquid phase sintering, Powder Metall. , 28, 90-92, 1985.

[111] Kim, Y. S. , Park, J. K. and Yoon, D. N. , Liquid flow into the interior of W-Ni-Fe compacts during liquid phase sintering, Inter. J. Powder Metall. Powder Tech. , 20, 29-37, 1985.

[112] Yoo, Y. -S. , Kim, J. -J. and Kim, D. -Y. , Effect of heating rate on the microstructural evolution during sintering of BaTiO$_3$ ceramics, J. Am. Ceram. Soc. , 70, C322-24, 1987.

[113] Kim, S. S. and Yoon, D. N. , Coarsening behaviour of Mo grains dispersed in liquid matrix, Acta Metall. , 31, 1151-57, 1983.

[114] Kang, S. -J. L. , Greil, P. , Mitomo, M. and Moon, J. -H. , Elimination of large pores during gas-pressure sintering of β-Sialon, J. Am. Ceram. Soc. , 72, 1166-69, 1989.

[115] Park, H. -H. , Cho, S. -J. and Yoon, D. N. , Pore filling process in liquid phase sintering, Metall. Trans. A, 15A, 1075-80, 1984.

[116] Baung, J. -C. , Choi, Y. -G. , Kang, E. -S. , Baek, Y. -K. , Jung, S. -W. and Kang, S. -J. L. , Effects of sintering atmosphere and Ni content on the liquid phase sintering of TiB$_2$-Ni, J. Kor. Ceram. Soc. ,

38，207-11，2001．

[117] Kim，Y.-P.，Jung，S.-W.，Kim，B.-K. and Kang，S.-J. L.，Enhanced densification of liquid phase sintered WC-Co by use of coarse WC powder: experimental support for the pore filling theory, unpublished work (2003), to be published.

[118] Park，H. H.，Kang，S.-J. L. and Yoon，D. N.，An analysis of surface menisci in a mixture of liquid and deformable grains，Metall. Trans. A，17A，325-30，1986．

[119] Kang，S.-J. L. and Lee，S. M.，Liquid phase sintering: grain-growth induced densification，in Sintering Science and Technology，R. M. German，G. L. Messing and R. G. Cornwall (eds)，Penn State University，University Park，239-46，2000．

[120] Lee，S.-M. and Kang，S.-J. L.，Microstructure development during liquid phase sintering，Z. Metallkd.，96(2)，141-147，2005．

[121] Cho，S.-J.，Kang，S.-J. L. and Yoon，D. N.，Effect of entrapped inert gas on pore filling during liquid phase sintering，Metall. Trans. A，17A，2175-82，1986．

[122] Kang，S.-J. L. and Yoon，D. N.，Morphological changes of pores and grains during liquid phase sintering，in Horizons of Powder Metallurgy (Proc. 1986 Int. Conf. and Exhib.)，W. A. Kaysser and W. J. Huppman (eds)，Verlag Schmid GmbH，Freiburg，1214-18，1986．

[123] German，R. M. and Churn，K. S.，Sintering atmosphere effects on the ductility of W-Ni-Fe heavy metals，Metall. Trans. A，15A，747-54，1984．

[124] Kang，S.-J. L.，Hong，B. S.，Cho，Y. K.，Hwang，N. M. and Yoon，D. N.，Residual porosities in liquid phase sintered W-Ni-Fe，in Sintering '85，G. C. Kuczynski，D. P. Uskokovic，H. Palmour III，and M. M. Ristic (eds)，Plenum Press，New York，173-78，1985．

[125] Oh，U.-C.，Chung，Y.-S.，Kim，D.-Y. and Yoon，D. N.，Effect of grain growth on pore coalescence during the liquid phase sintering of MgO-CaMgSiO$_4$ systems，J. Am. Ceram. Soc.，71，854-57，1988．

[126] Yoon，K.-J. and Kang，S.-J. L.，Densification of ceramics containing entrapped gases，J. Eu. Ceram. Soc.，5，135-39，1989．

[127] Huppmann, W. J. and Bauer, W. , Characterization of the degree of mixing in liquid phase sintering experiments, Powder Metall. , 18, 249-58, 1975.

[128] Huppmann, W. J. , Riegger, H. , Kaysser, W. A. , Smolej, V. and Pejovnik, S. , The elementary mechanisms of liquid phase sintering, I rearrangement, Z. Metallkd. , 70, 707-13, 1979.

[129] Parikh, N. M. and Humenik, Jr. , M. , Cermets: II. Wettability and microstructural studies in liquid phase sintering, J. Am. Ceram. Soc. , 40, 315-20, 1957.

[130] Courtney, T. H. and Lee, J. K. , An analysis for estimating the probability of particle coalescence in liquid phase sintered systems, Metall. Trans A, 11A, 943-47, 1980.

[131] Takajo, S. , Kaysser, W. A. and Petzow, G. , Analysis of particle growth by coalescence during liquid phase sintering, Acta Metall. , 32, 107-13, 1984.

[132] Kaysser, W. A. , Takajo, S. and Petzow, G. , Particle growth by coalescence during liquid phase sintering of Fe-Cu, Acta Metall. , 32, 115-22, 1984.

名 词 索 引